超限戦

21世紀の「新しい戦争」

喬良　王湘穂
坂井臣之助（監修）劉琦（訳）

角川新書

日本語版への序文

私たちは予言者になることは望まなかったし、ましてや血なまぐさい現実となる可能性のあるテロ事件を予言する先覚者になろうなどとは思ってもみなかった。しかし、神様は、人々の多くの善良な願いを取り合わないのと同様に、私たちのこうした願いを取り合わなかった。

二〇〇一年九月一一日以後、私たちは数多くの電話を受けたが、一番多かったのは、「不幸にも予言が当たりましたね」という言葉だった。それは、ニューヨークのマンハッタンで起きた正真正銘のアメリカの悲劇を指していた。

三年前に、私たちが執筆した『超限戦』は、すでに正確な予言と判断を下していたが、これは本当に恐ろしい予言の的中だった。その恐ろしさから、私たちは、予言が見事に的中したからといって、少しも楽しい気分にはならない――天下に名の聞こえた世界貿易センタービルのツインタワーが、全世界の目の前で無残にも倒壊したとき、「あなたの正しさを立証した」と言われても、得意満面になることなど絶対にできない。何千という罪のない人々の命を一瞬のうちに奪ってしまうような、驚くべき残酷さは、われわれの個人的研究の成果に対する満足感をはるかに圧倒してしまった。

これと同時に、私たちは深い悲しみと、いかんともしがたい思いを感じている。三年前、私たちはこの本の中で次のように明確に指摘していた。

新しいテロリズムは二一世紀の初頭、人類社会の安全にとって主要な脅威となるだろう。その特徴は、戦術レベルの行動をもって当事国に戦略レベルの打撃を与え、震撼《しんかん》させることだ。私たちは本の中で、「ビンラディン式のテロリズムの出現は、いかなる国家の力であれ、それがどんなに強大でも、ルールのないゲームで有利な立場を占めるのは難しいという印象を世間の人に強く与えた」と述べた。また私たちは、「彼らは行動が秘密なために隠蔽性《いんぺいせい》が強く、行為が極端なために広範囲の危害をもたらし、無差別に一般人を攻撃することによって、その異常さ・残忍さを示している。これらはすべて現代のメディアを通じてリアルタイムに、連続的に、高い視聴率で宣伝され、その恐怖の効果を大いに増幅する」という点をとくに指摘した。

しかし、私たちは「狼が来た!」と叫んでいた子供のように扱われてきた。〝九・一一事件〟と同じように不幸だったのは、当時、私たちの話に耳を傾ける人がいなかったことだ。私たちをウソをつく子供扱いしたり、さらには、私たちこそが狼だと後ろ指をさしたり、私たちがテロリズムを宣伝しているという人もいた。ところが、狼は本当に来てしまった。しかも私たちが予言した方式――非職業軍人が、非通常兵器を使って、罪のない市民に対して、非軍事的意義を持つ戦場で、軍事領域の境界や限度を超えた戦争を行う――でやってきたのだ。これこそまさに「超限戦」なのである。

報道によれば、〝九・一一事件〟の翌日、アメリカのある三つ星の将軍がテレビの視聴者にこう語った。数年前、中国の二人の将校が『超限戦』という本を書き、全世界、とくにアメリカに対してテロリズムの脅威を警告していたが、われわれの注意を引かなかった。そして、二人が提起した事態は生々しい形でわれわれの眼前で起きてしまった。われわれはあらためてこの本を読み直す必要があるようだ、と。

アメリカ軍人の思想の触覚は、彼らの世界各国の同僚たちに比べれば、かなり敏感であるというべきだろう。『超限戦』が中国で出版されたその年に、その英訳版がペンタゴンの将軍たちの机に置かれていた。さらにアメリカ海軍大学から私たち宛てに、この本を同大学の正式の教材に採用したいので、非商業的な内部版権を譲渡してほしいという書簡が届いた。しかし、すべてはここまでで、彼らは何もしなかった。彼らがこの本が発していた警告を理解していなかったことは、今回の事実が物語っている。

もし三年前に、アメリカ人が今よりもっと真剣にこの本を読んでいたら、〝九月一一日の悲劇〟は必ず避けられたはずだと思うほど、私たちは天真爛漫《らんまん》ではない。この点において、私たちは非常に悲観的である。なぜなら、私たちはビンラディン式のテロリズムへの注意喚起を行っただけでなく、全世界に次のような警告を発していたからだ。

「もしすべてのテロリストが自分の行動を爆破、誘拐、暗殺、ハイジャックといった伝統的なやり口に限定しているならば、まだまだ最も恐ろしい事態にはならない。本当に人々を恐怖に陥れるのは、テロリストと、スーパー兵器になりうる各種のハイテクとの出会いだ」

つまり、ビンラディン式のテロリズムのほかにも、われわれは、ハッカー組織が仕掛けるネットテロや金融投機家たちが引き起こす金融テロなど、その他のさまざまなテロリズムに直面するだろうということだ。こうしたテロリストは、ハイテクがもたらした便利さを十分に利用して、彼らの手の届くいかなるところをも、血なまぐさい、あるいはそれほど血なまぐさくない戦場に変えることができるのである。ただ一点変わらないのは、恐怖である。しかもそれは神出鬼没で、忽然《こつぜん》として形のない恐怖である。どの国もこのようなテロに対して、いちいちそれを防ぎようがない。

明らかにこれは伝統的な意義とは違う、全く新しい戦争の形態だ。私たちがこれを「非軍事の戦争行動」とネーミングしたとき、一部の軍事専門家から、「どんな戦術レベルの行動で、アメリカのような超大国を揺るがすことができるのか」と嘲笑《ちようしよう》された。彼らにとって、こうした問題は想像しようにも考えられないことだ、戦争はすなわち軍事であり、「非軍事の戦争行動」なんてロジックに合わないと考えていた。不幸なことに、テロリズム自体が最初から人類の善良な天性のロジックに合うものではない。さらに不幸なことに、こんなにも簡単な結論を理解するために、人類――今のところではアメリカ人――は血の代価を支払わなければならなかった。そしてついに結論が出た。アメリカのジョージ・W・ブッシュ大統領は言った。「これは戦争だ！」と。

しかし、たとえわれわれが、これは戦争だとわかっていても、こうした戦争の発生を避けることは依然として不可能だ。なぜなら、これはすべての戦争の中で最も不確定な戦争であり、確定した敵も、確定した戦場も、確定した兵器もなく、すべてが不確定だからである。このために、常々確定した方式で敵を打撃するのに慣れている、いかなる軍事行動も、「虎が天を食べようとしても口に入れようがない」式の手のつけられない状況に直面することになろう。『超限戦』の中で指摘したように、私たちから見れば、「ハッカーの侵入にしろ、世界貿易センターの大爆発にしろ、ビンラディンの爆弾攻撃にしろ、いずれもアメリカ軍が理解している周波数バンドの幅をはるかに超えている。このような敵にどう対応するか、アメリカ軍は明らかに心理上あるいは手段上、とくに軍事思想およびそこから派生する戦法上で準備が不足している」。同時に、たとえテロリズムに打撃を与える側がある時点、ある局面で、ある程度の勝利を得たとしても、もしテロリズムを根底から取り除くことができなければ、必ずや「ひょうたんをほうっておけば、ひしゃくができる」といった苦境に直面することになろう。問題は「テロリズムを根底から取り除く」ことだが、言葉で言うほど簡単ではない。

ここから、「どこにテロリズムの根源があるのか」「何がテロリズムをもたらしているのか」という問題が出てくる。民族、文化、宗教、価値観の違いによって、こうした問題に対する解答も異なる。だが解答がどのようなものであれ、テロリズムは、強い集団に圧迫され日増しに瀬戸際に追いやられている弱い集団の絶望的なあがきである、という事実を抹消することはできない。もしわれわれがみなこの点を認めることができるなら、次の結論――テロリズムに対し国家的暴力式の打撃を与えるだけではとても不十分だし、問題を根本的に解決することにもならない――を同様に認めることができるであろう。

テロリストがどんなに人を驚かす事件を起こしても、グローバル化の列車は相変わらずビュートッとうなりをたてて前に進んでいく。一瞬ブレーキをかけたり減速しても、ほとんど既定の軌道を変えることはない。われわれはみなこの列車の乗客である。列車の進行方向が正しいかどうか、列車自体の性能が安全で頼りになるかどうかは、われわれ一人ひとりにかかわっている。同じ列車に乗っている以上、片一方だけの安全など存在しない。安全は共通のものであり、全員一体のものである。このことは、たとえ列車長にせよ、自分の安全を多くの乗客の安全よりも優先させることはできないということを意味している。とくに、列車長は乗車している一人ひとりの乗客をうまくもてなすことが必要だ。われわれは、乗客の誰かが絶望感から、列車とともに滅びる気持ちを抱き、捨て鉢になるのを許してはならない。なぜなら、このことは翻って言えば、私たち自身の命に危険をもたらすからである。

このことこそ、〝九・一一事件〟後、私たちが『超限戦』の中に書き加えたいと思っていたことである。

二〇〇一年九月二六日　北京《ペキン》にて

序文

二〇世紀最後の一〇年を経験した人は、誰もが世界の変化を身にしみて感じていることだろう。人類史上この一〇年間ほど大きな変化が起きた時代はなかったのではないだろうか。こうした天変地異とも言うべき大きな変化を促した要因は無論、数えきれない。しかし、くり返し話題になるような要因はそれほど多くない。その一つが湾岸戦争である。

たった一回の戦争で世界が変わってしまう。限定された場所で起こり、しかもわずか四二日間しか続かなかった戦争が世界を変えた戦争だというのは、いささか大げさかもしれない。しかし、それはまぎれもない事実なのである。一九九一年一月一七日以後に登場した新時事用語を列挙するまでもない。次の言葉を挙げるだけで十分だろう。旧ソ連《れん》、ボスニア、コソボ、クローン、マイクロソフト、ハッカー、インターネット、アジア金融危機、ユーロ、それから世界最後の、または唯一の超大国アメリカ。これらの言葉は、この一〇年、地球全体のキーワードになっている。

　われわれがここで言いたいのは、これらすべてが直接的にせよ、間接的にせよ、湾岸戦争と関係しているということである。戦争を神話にするつもりはない。とくに双方の実力差があまりに大きく、一方が圧勝した戦争を神話にはしたくない。それとは逆にわれわれは、わずか一カ月半の間に全世界を変えてしまったこの戦争を深く考察する中で、別の事実に気づいた。それは、戦争自体がすでに変わってしまったということである。

　われわれは次のような発見をした。「輝かしい」とか「圧倒的」と形容されるこの戦争が、戦争史上で頂点に到達してからは、世界の舞台でさらに大役を果たすはずだった戦争という役者が、突然脇役に転落してしまったのだ。

　世界を変えた戦争が結局自分自身をも変えてしまったのは不思議なことである。だが、それは考えさせられる事実でもあった。戦争の道具、戦争の技術、戦争の方式、あるいは戦争の形態などが変わったわけではない。戦争の「役割」が変わってしまったのだ。自分の登場によって芝居の筋書きまですっかり変えてしまうほどの大物役者が、なんと自分が主役を演じるのは今回が最後だと突然気づいた。誰も想像できなかったことである。まして、まだ舞台から下りていないうちに、恐らく主役の座はもう回ってこない、少なくとも舞台の立役者ではなくなる、と告げられたとすれば、当の本人はどんな感想を持つだろう。

　恐らく最も深刻さを感じているのは、ひたすら救世主、消防隊、世界の警察、平和の使者などの役を一身に果たしたいと思っているアメリカ人だろう。「砂漠の嵐」が吹いてから、アンクルサムは再び称賛されるような勝利を一度も収めていない。ソマリアでもボスニアでも、そうだった。とりわけ最近の米英合同イラク空爆作戦では、舞台も手段も役者もすべて同じだったにもかかわらず、八年前、世界に強烈なインパクトを与えた壮大な劇を演じることができなかった。

軍人の頭脳だけでは解決しきれない複雑な政治、経済、文化、外交、民族、宗教などの問題が登場して、これまで向かうところ敵なしだった軍事手段が突如限界にぶつかった。力を持つ者こそ正しいという時代——二〇世紀の歴史はほとんどがそうだった——であれば、問題はなかった。しかし、アメリカを中心とする多国籍軍がクウェートの砂漠地帯でこの時代に終止符を打ったことにより、新しい時代が始まったのである。

とはいえ目下、大量の軍人が失業する兆候はないし、戦争もこの世界からなくなりそうにない。すべては未知数である。ただし、これからの戦争が従来の戦争と違うことだけは確かである。人類が今後また戦争を起こすことになっても、これまでの方式の戦争はもはや不可能だ。

自由経済や人権思想、環境保護といった新しい考え方が社会と人々に大きな影響を与えることは否定できない。しかし、戦争の変貌《へんぼう》はさらに複雑な影響をもたらすはずだ。そうでなければ、戦争という不死鳥が瀕死《ひんし》の際によみがえることはなかっただろう。人々が軍事的暴力を抑制して紛争を解決しようとし、またそうした流れを歓迎しているときに、戦争は他の領域では新たな生命を得て、他国あるいは他人をコントロールしようとする者の手中に落ちて、強大な威力を持つ道具と化してしまった。例えば、ジョージ・ソロスらが東南アジアの金融に与えた攻撃、ウサマ・ビンラディンがアメリカ大使館に対して行った恐るべき襲撃（一九九八年）、オウム真理教信者が東京の地下鉄で撒《ま》いた毒ガス、モーリス・ジュニアらによるインターネットの攪乱《かくらん》は、その破壊力では戦争に見劣りしない。間違いなく準戦争、類似戦争、第二種戦争が誕生したのである。

それにいかなる名前をつけようと、われわれは以前よりも楽観的にはなれない。楽観できるはずがないのだ。正真正銘の戦争の役割が小さくなったとはいえ、それは戦争の終焉《しゅうえん》を意味しているわけではない。われわれはいわゆるポストモダン、ポスト工業化の時代に生きている。しかし、戦争の構造は完全に解体されたわけではなく、より複雑で広く、より隠蔽《いんぺい》された微妙な形で新たに人類社会に侵入してきたのである。バイロンがシェリーを追悼する詩で語るように、「何も起きてはいない、蜃気楼《しんきろう》を見たにすぎない」。

現代技術と市場経済体制によって変わりつつある戦争は、戦争らしくない戦争のスタイルで展開されるだろう。言い換えれば、軍事的暴力が相対的に減少する一方で、政治的暴力、経済的暴力、技術的暴力が増大していくに違いない。しかし、いかなる形の暴力であれ、戦争は戦争である。もし新しい戦争の原理が、「武力的手段を用いて自分の意志を敵に強制的に受け入れさせる」ものではなくなって、代わりに「武力と非武力、軍事と非軍事、殺傷と非殺傷を含むすべての手段を用いて、自分の利益を敵に強制的に受け入れさせる」ものになったとしても、戦争の原理に従うことに変わりはない。

変化したのは戦争の方式である。いったい何が変化をもたらしたのか。またどんな変化が起こり、われわれはどこへ向かい、そしてこうした変化にどう対応していけばよいのか。これこそ本書で明らかにしたいテーマであり、またわれわれが本書を執筆しようとする動機なのである。

一九九九年一月一七日、湾岸戦争勃発《ぼっぱつ》八周年記念日に

目次

第Ⅰ部　新戦争論

国は大きくても、好戦的であれば必ず滅亡する。天下は安定していても、戦争を忘れると必ず危険が生ずる。

——司馬穰苴《しばじょうしょ》

科学とその関連技術の進歩は、一連の革命、大きな発展を通して、自然界に全くない新しい景観をもたらした。

——ボナド・コーエン

技術は現代における人類のトーテムとなっている[1]。

功利主義の風が吹く中、技術が科学よりさらに重視されるのは不思議なことではない。科学的大発見の時代は、アインシュタインのころにすでに終わってしまっているのである。現代人は生きているうちに夢を実現させたいという方向にますます傾きつつある。そのため、ほとんどの人は明日にかけるとき、やみくもに技術を崇拝する。こうして技術はまたたく間に爆発的な発展を遂げ、目先の利益を願う人類に数えきれない成果をもたらした。それは確かに技術の進歩かもしれない。しかし、われわれは自分自身を見失う技術妄信時代に迷い込んでしまっていることを知らずにいる。(2)

今日《こんにち》、技術は日々目まぐるしく変化し、コントロールしきれなくなっている。ベル研究所やソニーは絶えず新奇な製品を作り出し、ビル・ゲイツは毎年新しいＷｉｎｄｏｗｓを開発している。クローン羊「ドリー」の誕生は、人類が造物主の神に取って代わろうとしているあかしのようだ。ロシア製の恐るべき戦闘機スホイ27はまだ一度も戦場で使われていないのに、スホイ35がすでに姿を現した。(3) そのスホイ35でさえ、引退する前に戦場で輝かしい戦果を挙げられるかどうか、はなはだ疑問である。技術は人類の「魔法の靴」のようなもので、利潤追求というネジをいっぱいに回すと、人間は靴につられて踊り、靴のリズムに乗って、くるくると回るしかない。

ワットとエジソンの名前は「発明」とほとんど同義語となっている。まさにこの時代はワットやエジソンとともに始まったといえる。しかし、今や状況は変化した。一〇〇年余りの間に、数えきれないほど多くの発明がなされたために、どんな新しい技術が出現しても威張るのは難しくなった。「蒸気機関の時代」、「電気の時代」という言い方は、当時は名実ともにそうであった。だが今日では、さまざまな新技術は海岸に打ち付ける波のように、人々が歓呼の声を上げる間もなく、より高度でより新しい技術の波に呑《の》み込まれていく。一つの新技術あるいは一人の発明家の名前をもって一つの時代を命名するやり方は、すでに過去のものとなった。今の時代を「核の時代」とか「情報の時代」と称しても、あまりにも大雑把だと感じるのはそのためだ。

言うまでもなく情報技術（ＩＴ）の出現は人類文明にとっては福音だ。なぜならＩＴは、これまでパンドラの箱から飛び出してきたあらゆる技術のもたらす「疫病」に、さらに大きなエネルギーを注ぎ込むことができる一方で、それを押さえ込むこともできる唯一の手段であるからだ。ただし、誰がＩＴを押さえ込むかが問題である。ＩＴが人類のコントロールできない方向へ暴走してしまったら、最終的には人類がＩＴのいけにえになってしまうという悲観論もある。[4] しかし、これほど恐るべき展望があっても、人々のＩＴに対する情熱は少しも衰えていない。ＩＴが指し示す楽観的な先行きは、技術の進歩を渇望する人類にとっては、強力な誘惑の力を持っているのだ。ＩＴ独特の、交流と共有という性質は、技術の暗黒から人類を脱出させる神聖な光となるかもしれない。

もっともわれわれは、一枚の葉に目を遮られて山も見えない未来学者と違って、ＩＴの名前をもって時代全体をネーミングすることをしない。ＩＴはその特質からして、従来の技術や、登場しつつある技術、さらにこれから誕生する技術に取って代わることはできない。とくにバイオテクノロジー、材料技術、ナノ技術のようなITと関連し共存する技術に、取って代わることはできないのだ。

この三〇〇年来、新しい技術を好み古い技術に飽きるという人々の習性はすっかり定着してしまった。新技術の執拗《しつよう》な追求は、生存にかかわるすべての難問を解決する万能薬になっている。人々はそれに溺《おぼ》れ、迷い込んでしまった。一つの過ちを隠すためにさらに一〇の過ちを犯すのと同じように、一つの難問を解決するために一〇倍の難問が現れても一向気にしないのである。(5)

例えば、人間は便利な乗り物として自動車を発明したが、そのおかげで一連の問題が次々と生まれた――鉱石の採掘・精錬、機械による加工、石油の採掘、ゴムの製造、道路の建設などの問題である。これらを解決するには、さらに一連の技術を用いなければならなかった。そしてついに、環境汚染や資源の破壊、耕地の占拠、交通事故など、さらに多くの厄介な問題が出現した。こうしてみると、歩行を自動車に代えるという当初の目的は、新たに派生した問題に比べると、取るに足りない小さな問題となった。

技術の非理性的な膨張によって、人類は当初の目標を忘れ、迷路へ入り込もうとしている。こうした現象を「袋小路効果」と呼ぶことにしよう。幸いにして、このような時期にITが登場した。これはまぎれもなく技術史上最も重要な革命だろう。ITの革命的な意義は、それ自身が全く新しいというだけでなく、各種の技術間に横たわるいくつもの壁を越え、一見全く関係のない各種の技術をつなぐ粘着剤になるところにある。この粘着性によって、重なり合う学際的な新技術がたくさん生まれるだけでなく、人類と技術との関係について、今までになかった斬新《ざんしん》な思考が生み出される。人類は人間の立場から、技術の持つ実際的な性質をはっきりと認識することができる。そうすることによって、生存にかかわる難問に直面しているときに、技術すなわち道具の奴隷にならないですむのだ。

人類は想像力をフルに生かして、一つひとつの技術をその潜在能力の尽きるまで使うべきであり、熊がめちゃくちゃにトウモロコシを盗むような真似をしてはならない。熊のやり方では新しい技術をもって古い技術を淘汰《とうた》するだけである。今日では、単一の技術を利用することはますます不可能になっている。ＩＴの出現は、新旧のさまざまな技術やハイテクの問の整合性を持った利用に無限の可能性をつくりだしている。無数の事実によって証明されたように、技術の総合利用は技術の発明よりも社会の進歩をもたらす場合がある。(6)

声を張り上げて歌う独唱の場面は多音声の大合唱に変わりつつある。技術の大融合は逆戻りのできないグローバル化の趨勢《すうせい》をもたらし、グローバル化の趨勢はまた技術の大融合を加速している。これがわれわれの時代の基本的な特徴である。

このような特徴は、この時代のあらゆる方向に及んでおり、戦争の領域も例外ではない。現代化を目指すいかなる軍隊も、新技術の支えなしには存在できない。戦争への備えは昔から新技術を生み出す陣痛促進剤である。湾岸戦争では一九八〇年代のハイテクが五〇〇種以上も顔を出している。この戦争はまるで新兵器ショーのようになったが、われわれがとくに印象づけられたのは、新兵器そのものではなく、兵器使用における体系化の趨勢だった。

「パトリオット」の「スカッド」迎撃は、散弾銃で鳥を撃ち落とすように簡単に見えたが、実際には地球上の大半に配備されている多くの兵器を動かさねばならなかった。早期警戒衛星（ＤＳＰ）が目標を発見してから、オーストラリアの地上受信施設に情報が伝えられ、それがアメリカ本土のコロラドスプリングスの北米航空宇宙防衛司令部（ＮＯＲＡＤ）経由で、リヤド（サウジアラビア）にある指揮センターに転送される。そこから命令が下され、「パトリオット」の操作員が自分の持ち場に入る。九〇秒間の早期警戒段階だけでも、空間システムとC^3Ｉシステムとの間で数回の情報伝達や呼応作動に依拠しなければならなかった。まさしく「一基のミサイルが地球全体を動かしたのである」。

　互いに遠距離にある多くの兵器がリアルタイムで協力し、これまでにない作戦能力を実現した。これはＩＴが登場する以前には考えられなかったことだ。第二次世界大戦までは、単一の兵器開発が軍事革命を起こすこともあったが、今日ではどんな兵器でもひとり勝ちは不可能となっている。

グローバル化時代の戦争は技術の総合の上に成り立っている。この技術の総合によって、兵器は戦争の名前を決める資格を失い、新たな基盤の上に兵器と戦争の関係が構築されるようになった。新概念の兵器、とくに何をもって兵器とするかは、戦争の顔をますます曖昧《あいまい》にしている。

「黒客《ハッカー》」の襲撃は敵対行動なのかどうか。金融という手段を用いてある国の経済を壊滅させることを、戦争と見なすべきかどうか。アメリカ軍兵士の死体がモガディシオ（ソマリア）の街頭にさらされているのを流したCNNの映像が、世界の憲兵になるというアメリカ人の決心を動揺させ、世界戦略の方向を変えさせたのかどうか。また、戦争行為であるかどうかを判断するのは、その手段を見るのか、それともその効果を見るのか。

明らかに伝統的な戦争の定義からは、以上のような問いに対して満足のできる答えはもはや引き出せない。これらすべての非戦争行為は、未来戦争の新たな要素になりうる。そのことに突然気づいたわれわれは、このような新しい戦争の様式に新しい名前をつけざるを得なくなった。

すべての境界と限度を超えた戦争、簡潔にいえば超限戦である。

この呼び方が成立するなら、このような戦争では、あらゆるものが手段となり、あらゆるところに情報が伝わり、あらゆるところが戦場になりうる。すべての兵器と技術が組み合わされ、戦争と非戦争、軍事と非軍事という全く別の世界の間に横たわっていたすべての境界が打ち破られるのだ。また、これまでの多くの作戦原則が修正され、ひいては戦争にかかわる法律さえ改正の必要に迫られるだろう。

戦争の神の脈はとりにくいものである。しかし、明日の夜、あるいは明後日《あさって》の早朝に起きるかもしれない戦争を論ずるには、静かに息を吸って心を落ち着け、戦争の神が今日どういう脈をしているか、それを細心かつ丁寧にとらなければならない。

注

（1）O・シュペングラーは著書『人類と技術』の中で、「技術はわが主《しゅ》のように永遠かつ不動である。技術は神の子のように人類を救い、聖人のようにわれわれを照らしている」と述べている。哲学者であるシュペングラーは神学者が神を崇拝するように技術を崇拝している。これはまさに、大規模工業生産時代およびポスト工業化時代にあって、ますます隆盛を見せている人類の別の無知を表している。

（2）これについて、フランスの哲学者で科学者のジャン・ラドリールは独特の見識を持っている。彼によれば、科学技術は文化を破壊する効果もあれば、誘導する効果もあるという。この二つの総合的作用があるために、人類は技術に対する冷静な判断を保ちにくく、常に熱狂的な技術崇拝か「反科学」運動かの両極に揺れる。固い意志を持って、彼の難解ではあるが思慮深い『文化に対する科学技術の挑戦』を読めば、人類社会に与える技術の多方面の影響を、広い視野で観察する上で一助になる。

（3）超視界距離（BVR）兵器の完成によって、空中戦の基本概念には大きな変化が生じたが、近距離戦はまだ完全になくなってはいない。「コブラ」機動のできるスホイ27と「フック」動作のできるスホイ35は、現在では最も性能のすぐれた戦闘機である。

（4）F・G・ロングは最も鋭敏な技術悲観論者である。一九三九年に、彼は技術による管理強化や環境問題をはじめとする、現代技術がもたらす一連の問題をすでに認識していた。彼に言わせれば、技術は匹敵すべきもののない、悪魔のような力を持ち、大自然を略奪し、人類の自由を奪ってしまった。マルティン・ハイデガーは著書『存在と時間』の中で、技術を「卓越した荒唐無稽《むけい》」と称して、人類の自然への回帰を求め、最大の危険である技術から逃避するよう提唱している。

技術を楽観視している最も有名な人は、ウィーナーとスタインバッハである。ウィーナーの『サイバネティクス』、『神とロボット』、『人間の人間的利用』、スタインバッハの『情報社会』、

『哲学とサイバネティクス』などの著書から、技術の進歩がもたらす人類社会の明るい将来を思い描くことができる。
（5）デービッド・エーレンフェルドの著書『人道主義の傲慢《ごうまん》』の中には、こうした事例がたくさん挙げられている。シュワルツは『過度の才気』の中で、「一つの問題の解決は新たな問題をたくさん引き起こす。これらの新たな問題は最終的にはそうした解決を排除してしまう」と述べている。ルネ・ディボーも『理性の目覚め』の中で同じ問題に言及している。
（6）E・シュルマンは『技術の時代と人類の未来』の中で、「現代技術の爆発的な進展を基礎とする現代文化のダイナミックな発展の中で、われわれは多くの学科が協力し合う状況にますます多く直面している。……一つだけの特殊な学科だけでは実践を十分科学的に指導することができない」と指摘している。

第一章　いつも先行するのは兵器革命

いったん技術の進歩が軍事目的に利用できるとなると、あるいはすでに軍事目的に利用された場合には、その技術はただちにほとんど強制的に、しかも往々にして指揮官の意思に逆らって、戦争様式の変化、ひいては変革を引き起こす。

——エンゲルス

兵器革命はいつも軍事革命より一歩先んじている。革命的な兵器が現れると、軍事革命の到来もそう遠くない。戦争の歴史において常に証明されてきたように、青銅または鉄の槍《やり》は歩兵の方陣を作り出し、弓矢と馬の鐙《あぶみ》は騎兵と新しい戦術を生み、(1)黒色火薬を用いる銃や大砲は一連の近代戦争の様式を誕生させた。

円錐《えんすい》形銃弾とライフル銃(2)が技術の時代の尖兵《せんぺい》として戦場に送り込まれたときから、兵器は戦争に自分の名前を刻み込んできた。最初は鋼鉄製の軍艦が海の覇者になり、「戦艦の時代」を切り開いた。次に軍艦の兄弟に当たる「戦車」が地上戦に自分の名前を刻み込んだ。その後、戦闘機が空を制覇した。そして最後にとうとう核兵器が世に現れ、核の時代の到来を宣言した。今日《こんにち》、大量のハイテク兵器が次から次へと作り出され、これなくして戦争は戦えなくなっている。未来の戦争を論じるときには、ある兵器あるいは、ある技術をもって、その戦争の呼び名とし、「電子戦」、「精密兵器戦」、「情報戦」と呼ぶのが習慣になっている。慣性に任せて思考のトラックを走っている人々は、まだ気づいていないようだが、実はひそかに大きな変化が迫っているのだ。

●ハイテク戦争とは何か

兵器革命は軍事革命の序曲である。しかし、間もなく到来する軍事革命は、一つ二つの兵器によって推進されることはありえない。大量の技術発明は、新兵器に対する人間の憧《あこが》れを絶えず刺激すると同時に、すべての兵器の神秘性を素早く抹殺している。昔は、馬の鐙やマキシム機関銃(3)のように、いくつかの兵器あるいは装備の発明だけで、戦争の様式を変えてしまうことができたが、今では戦争全体に影響を及ぼすには、一〇〇種類以上の兵器からなるいくつかの兵器体系が必要となる。だが、兵器の発明が多いほど、戦争に果たす単一兵器の役割も小さくなる。これは兵器と戦争の関係に隠れている二律背反である。こうした意味からいえば、ますます不可能になっている核兵器の大量使用を「核戦争」と称する以外には、それがどんなに革命性に富んだ兵器であろうと、もはや未来の戦争を代表する名前にはならないだろう。

人々はこのような状況を意識しているからこそ、「ハイテク戦」や「情報戦」[4]という言葉を使っているのかもしれない。幅広い技術上の概念をもって具体的な兵器の概念に代え、ファジーな方法でこの難問を解決しようというのだろうか。しかしこれはやはり問題解決の方法にならないようだ。

細かく追究してみると、最初にアメリカの建築業界で使われた「ハイテク」[5]という用語は、実に不明瞭《ふめいりょう》なものだった。ハイテクとは何か。それは何に対していうのか。論理的にいうと、ハイとローは相対的な概念である。この可変性の大きい概念を用いて、千差万別の戦争に対し、一律に名前をつけること自体が問題である。いわゆるハイテクが時間の推移によって、ローテクになってしまったとき、われわれは次に現れた新奇なものに、またもやハイテクという名前をつけるつもりなのだろうか。このようなくり返しは、技術の大爆発する今日、すべての新技術の呼称や利用に混乱と煩雑をもたらすだけではないだろうか。

いったいハイテクとは何を基準としているのだろうか。技術自体からいえば、一つひとつの技術は具体的なもので、それゆえ時限付きのものでもある。昨日の「ハイ」は今日の「ロー」になっているかもしれないし、今日の「新」はまた明日の「旧」になるだろう。M60戦車、

「コブラ」戦闘ヘリ、Ｂ52爆撃機のような一九六〇～七〇年代の主力兵器に比べれば、「エイブラムス」戦車、「アパッチ」戦闘ヘリ、Ｆ１１７および「パトリオット」ミサイル、「トマホーク」巡航ミサイルはハイテクなのだが、Ｂ２爆撃機、Ｆ22戦闘機、「コマンチ」戦闘ヘリ、「ＪＳＴＡＲＳ」攻撃レーダー・システムの前では時代遅れなものになろう。

つまり一つの変数にすぎないハイテク兵器の概念は、「年々歳々花が咲き、人は変われど」嫁いでいく女性の頭上にいつも冠せられる「花嫁」と同じ名分のようなものではないか。延々と続く戦争の歴史の中で、どの兵器もハイからローへ、新から旧へと変化する。いかなる兵器も日進月歩なので、どの兵器もハイテクの王座に長くはいられない。とすると、いわゆるハイテク戦争とは、いったいどんなハイテクのことを指しているのだろうか。

漠然という場合のハイテクは未来戦争の同義語とはならない。現在のハイテクの一つとして、ほとんどすべての現代兵器の中で重要な地位を占めているＩＴも、戦争の名前とするには物足りない。たとえ未来戦争のすべての兵器に情報部品を装備し、完全に情報化したにしても、この種の戦争を「情報戦争」と称することはできないだろう。「情報化戦争」というのが関の山だ。[6] ＩＴはどんなに重要でも、他の技術が持つ機能と役割に取って代わることはできないからだ。

例えば、十分にＩＴ化されたＦ22戦闘機は依然として戦闘機であり、「トマホーク」ミサイルは相変わらずミサイルである。これらの兵器を全部情報兵器と称することはできないし、これらの兵器を用いる戦争も情報戦とはいえない。(7) 広義の情報化戦争と狭義の情報戦とは全く別ものなのだ。前者はITによって強化され、かつITが関与した各種の形態の戦争を指し、後者は主にITを手段として情報を獲得するか、あるいは情報を圧殺するという種類の作戦を指しているのである。

また、情報崇拝が作り出した現代の神話によって、人々はITが唯一の「新興」技術で、ほかはすべてが「斜陽」技術だと勘違いしている。こうした神話はビル・ゲイツの懐に莫大《ばくだい》なカネをもたらすかもしれないが、ITの発展も同様に他の技術の発展に依存しているという事実を変えることはできない。つまり、バイオテクノロジーの進展がITの未来の運命を決定するごとく、材料技術に関する開発がITの突破を直接に制約しているのだ。(8)

ここでバイオ情報技術について、一つの仮説を立ててみよう。ある人が情報によって誘導される生物兵器を使って、バイオコンピューターに打撃を与えたとする。この場合の戦争とは、生物戦なのか、それとも情報戦なのか、恐らく誰も一言では答えられないだろうが、現実には十分に起こりうる話だ。

実はITが今日の王者になれるかどうかについて悩む必要などない。そもそもITは技術総合の産物で、その最初の出現およびその後の一つひとつの進歩は、いずれも他の技術との融合過程であり、これこそ技術の総合――グローバル化時代の最も本質的な特徴なのだ。この特徴は当然兵器の製造番号と同じように、一つひとつの兵器に刻み込まれている。未来の戦場では、ある種の先進的な兵器が依然として主導権を握ることもありうる。しかし、戦争の勝敗を決する唯一無二の地位を独占するのは非常に難しい。主導権をとるのは可能だが、唯一の決め手とはならず、永久不変などありえない。つまり、自らの名前を堂々と現代の戦争につけることのできる兵器など存在しないということだ。

●兵器に合わせた戦争と、戦争に合わせた兵器開発

「兵器に合わせた戦争」と「戦争に合わせた兵器開発」という二つの言葉は、伝統的な戦争と未来の戦争の明確な違いを説明しており、この二種類の戦争における兵器と戦法の関係を明らかにしている。伝統的な戦争では、自然状態の下で戦争を行う人類は、兵器と戦法との関係に無自覚、あるいは受動的に適応する。しかし、未来の戦争では、自由状態に入ったとき、人間が兵器と戦法の関係を自覚的、あるいは主動的に選択するようになるだろう。

戦争の歴史が始まってから、人間がずっと守り続けてきたのは「兵器に合わせた戦争」だった。往々にして、兵器が作られた後に、それに合わせる形で戦法が作られる。兵器が先行し、戦法がそれに追随する。兵器の変化が戦法の変化を決定的に制約する。もちろん時代と技術と

いう限界要素はあるが、これは各時代の兵器製造専門家が兵器の性能が先進的であるかどうかだけを考え、ほかの要素を無視するという直線的思考と無関係ではない。兵器革命がいつも軍事革命より先行するのは、そのためかもしれない。

「兵器に合わせた戦争」というのは、本来、消極的な言い方で、その背後には「仕方ない」という意味合いが潜んでいる。とはいえ、この言葉の積極的な意味を故意に貶《おとし》める気はない。こうした積極的な意義とは、現有の兵器に立脚して最良の戦法を見つける、言い換えれば、既存の兵器に最も適応した作戦方式を見いだして、その性能を最大限に発揮させるということだ。今日、戦争に従事する人たちは、意識的にであれ無意識的にであれ、この法則を消極的なものから積極的なものへと移行させた。ただし人々は、これは遅れた国が「仕方ない」状況下で唯一取れる主動的な戦法だと誤解している。

アメリカのような世界ナンバーワンの大国でも、こうした「仕方ない」事態に直面しなければならない。たとえ世界一金持ちの国であっても、ハイテク一色の兵器で莫大な費用のかかる現代戦を遂行できないだろう[9]。ただ違うのは、アメリカは新旧兵器の選択と組み合わせにおいて他国よりもっと自由度が高いという点だけだ。

もしぴったりした組み合わせが見つかるなら、つまり最も適切な戦法が見つかるなら、世代の異なる新旧兵器の使用は、単一兵器の脆《もろ》さの解消につながるだけでなく、兵器の効果倍増をもたらす可能性がある。何回も寿命の終わりを予言されたB52爆撃機は、巡航ミサイルやその他の精密誘導兵器との組み合わせで再び異彩を放つようになり、今でも翼を休ませていない。A10飛行機は赤外線ミサイルの携帯により、これまでなかった夜間攻撃能力を備えるようになった。さらに戦闘ヘリ、アパッチと最良のコンビになり、七〇年代の半ばに登場したこの兵器が今も猛威を振るい続けている。

こうして見れば、「兵器に合わせた戦争」は何もできないという消極的なものではない。今日ますます開放的になっている兵器市場や多様な兵器供給ルートは、兵器選択に極めて大きな余地を与えた。何世代もの兵器が大量に共存している現状は、各世代にまたがる兵器の組み合わせに対し、これまでよりさらに広く、さらに確実な基礎を提供した。兵器の世代、用途、組み合わせ方式を固定する思考の慣性さえ打破すれば、老朽化したものを目新しいものに転化させることができるのだ。

現代の戦争を遂行するには先端兵器に頼らなければならないと考え、新兵器の神秘的な作用をひたすら信じすぎると、かえって新奇なものが老朽化したものになってしまう。われわれは、火薬を目印とする兵器体系から情報を目印とする兵器体系へと飛躍する兵器革命の時代に立っている。この期間はかなり長い兵器の更新期を持つ。この期間がどれくらい続くかは、今のところ予言できないが、はっきりと言えるのは、この更新が終わらない限り、アメリカのように先端兵器を最も多く抱える国を含め、いかなる国においても、「兵器に合わせた戦争」が、兵器と作戦との関係を処理する最も基本的な方法だということである。

ここで指摘しなければならないのは、最も基本的なものが必ずしも最も将来性があるとは限らないということだ。消極的な前提の下での積極的な進取は、特定の時期における特定のやり方にすぎず、必ずしも永久の法則ではない。科学技術の進歩は、すでに人類の手中において発見される段階から主動的な発明の段階へ移った。

アメリカ人は「戦争に合わせた兵器開発」という構想を打ち出し、兵器と戦法との関係に、戦争の歴史が始まって以来の最大の変革を引き起こした。これは、先に作戦の方式を確定してから兵器を開発するやり方である。アメリカ人が最初に試みたのは「空地一体戦」で、そして最近話題になっている「デジタル化戦場」や「デジタル化部隊[10]」はその最新の試みである。このようなやり方は、いつも軍事革命に先行していた兵器の地位がすでに動揺し、戦法が先行し兵器が追随する、あるいは両者が相互に作用を及ぼしながら同時進行していくという新しい関係の構築を示している。

兵器自体も画期的な意義を持つ変化を生むようになった。兵器の発展は、単一兵器の性能改善だけでなく、この兵器が他の兵器との結びつきや整合といった良好な性能を備えているかどうかを見なければならない。

往時、ひとり高踏派の道を歩んでいたF111戦闘機があまりにも先進的で、他の兵器との整合ができないため、開発を棚上げせざるを得なかったという教訓はすでにくみ取られた。〝殺し屋〟となる一つ二つのハイテク兵器に頼って、敵の死命を制することができるという考えは明らかに時代遅れになっている。

「戦争に合わせた兵器開発」という、時代の特徴と実験室の特徴を鮮明に備えたやり方は、一種の主動的な選択と見なすこともできるし、不変をもってさまざまな変化に対応する策略ともなりうる。それはまた、戦争史の重大な突破を醸成すると同時に、現代戦の潜在的な危機もはらんでいる。まだ検討中の戦法に合わせて一連の兵器システムを立ち上げるのは、あたかも誰が宴会に来るのかわからないのに、豪華な料理を準備するのと似ている。少しでも予想が外れたら、とんでもなく悲惨な結果になる。

ソマリアでアイディード派の軍に遭遇したアメリカ軍が狼狽《ろうばい》したのを見ればわかるように、最も現代化した軍隊でもいろんな好みを調節する能力を兼ね備えなければ、通常のルールに従わない相手には対応しきれない。未来の戦場では、デジタル化部隊は海老《えび》ドリアの得意なシェフのように、ゆでトウモロコシしか食べないゲリラに直面して、どうにもならない苦境を嘆くかもしれない。

兵器と軍隊の「世代差[11]」はとくに重視すべき問題かもしれない。世代差が小さいほど、世代の新しい方の戦果は著しく、逆に世代差が開くほど、互いに対応する方法も少なくなり、ひいてはどちらも相手を消滅できない可能性さえある。これまでの戦争事例を見れば、ハイテクの軍隊は非正規の戦争や低技術の戦争に対応しにくいということがわかる。これにはある種の法則が存在しているかもしれない。少なくとも研究価値のある興味深い現象である[12]。

●新概念の兵器と、兵器の新概念

新概念の兵器に比べて、われわれがこれまで知っているすべての兵器は、ほとんど古い概念の兵器ということができる。古いというのは、これらの兵器の基本的な性能が機動力と殺傷力であるからだ。精密誘導ミサイルなどのハイテク兵器も、知力と構造力という二種の要素を加えただけだ。実用面から言えば、どんなに改善しても伝統的な兵器の性質を変えることはできない。すなわち、それは依然としてプロの戦士が掌握し戦場で使うものだ。このような伝統的な考え方に基づいて製造された兵器と兵器プラットホームを、現代や未来の戦争に役立たせようとしても、間違いなく袋小路に入ってしまうだろう。ハイテクの魔法を用いて、伝統的兵器を鉄から金に換骨奪胎しようとしても、最終的には限りある軍事費の休みない消耗と、軍備競争・ハイテクの落とし穴にはまってしまうのだ。

これこそ、伝統兵器がその発展過程で必ず直面する二律背反の難問である。兵器の優位を保つためには、研究開発費をどんどん膨らませていかなければならない。膨らませた結果、どの国も優位を保つための十分な経費を捻出《ねんしゅつ》できなくなる。そして最終的には、国家を守るための利器がかえって国家の破滅をもたらす要因となるのである。

最近の例は最も説得力があるかもしれない。旧ソ連の参謀総長オルガコフ元帥は、「ポスト核時代」の兵器の発展方向を敏感に洞察し、「軍事技術革命」という斬新《ざんしん》な概念をタイミングよく打ち出した。彼の思考はまぎれもなく同時代の人たちより進んでいた。ところが、あまりにも進んだ思想が彼の国にもたらしたのは福祉ではなく、逆に災難だった(13)。

冷戦時代に独創的と評価されたこの考えは、打ち出された途端、久しく続いていた米ソ間の軍備競争に一層拍車をかけた。当時は誰も予測しなかったのだが、競争の結果、ソ連は解体し、超大国の角逐から徹底的に追い出された。強大な帝国が一発の大砲も撃たずにばらばらに崩壊したことは、まさしくジプリンの有名な詩そのものだった――「帝国の滅亡は、ガラガラと音をたてるのではなく、ペチャッという音だ」。

旧ソ連だけではなく、今日のアメリカも長年のライバルの後塵《こうじん》を拝しているようで、兵器発展の二律背反を新たに証明した。技術総合時代の輪郭がだんだんはっきりしてくるにつれて、アメリカ人はますます多くの経費を新兵器の研究・開発に投入し、兵器の価格がますます高くなってきている。六〇～七〇年代のF14、F15戦闘機の開発費は一〇億ドルだったが、八〇年代のB２爆撃機の開発費は一〇〇億ドルを上回り、九〇年代のF22戦闘機の開発費は一三〇億ドルを超えた。重さで計算すると、単価一三億〜一五億ドルのB２爆撃機は同じ重量の金より三倍も高い(14)。

このように高価な兵器はアメリカ軍の兵器庫のあちこちに転がっている。F１１７A爆撃機、F22戦闘機、「コマンチ」戦闘ヘリなど、どれも一億ドル以上あるいはそれに近い価格になっている。費用対効果比がこれほどまで非合理な大量の兵器は、アメリカ軍にますます重い甲冑《かっちゅう》を着せ、経費がどんどん膨らむハイテク兵器の落とし穴に彼らを引きずり込んでいる(15)。大富豪のアメリカ人でさえこうなのだから、懐の寂しい他の国はこの道をいったいどこまで歩けるだろうか。誰もが耐えられないのは明らかで、苦境から抜け出るには別の道を見つけるしかない。

そこで新概念の兵器が登場した。少し不公平と思えるのは、こうした兵器の分野でも、またしてもアメリカ人が潮流の先頭に立っていることだ。ベトナム戦争では、「ホーチミン・ルート」にヨウ化銀の粉末を鉢の水を撒《ま》くように大量に投下し、熱帯雨林には枯葉剤を散布した。こうした暴走は、「米鬼」の持つ新概念の兵器と手段の残忍さを見せつけた。その後の三〇年間、アメリカ人は財力と技術の両面で二重の優位を保ち、この領域で他国の追随を許さなかった。

とはいえ、アメリカはすべてをリードしているわけでもない。新概念の兵器に続いて、本来なら、さらに広範囲に及ぶ兵器の新概念を打ち出すはずだったが、アメリカ人はこれをきちんと整理しきれなかった。兵器の新概念を提出するには、新しい技術を跳躍板として借りる必要がなく、明快かつ鋭敏な思想さえあれば足りるのだ。だがこれは、思想を技術に付属させているアメリカ人にとっては得手ではなかった。

アメリカ人はいつも技術の届かない領域では呼吸を止めてしまう。言うまでもなく、人為的に作った地震、津波、災害をもたらす気候、あるいは亜音波、新生物・化学兵器などは新概念の兵器で[16]、通常言うところの兵器と大きな違いがある。しかし、これらの兵器もやはり軍事、軍人、武器商人とかかわる、直接的な殺傷と破壊を目的とする兵器だ。こうした意味から言うと、これらの兵器は、兵器のメカニズムを変え、殺傷力や破壊力を何倍にも拡大した、非伝統的な兵器にすぎない。

「兵器の新概念」はこれとは違う。「新概念の兵器」といわれているものとは全く別である。新概念の兵器が、伝統兵器の範囲を超え、技術的に操作可能で、敵に対し物質的あるいは精神的に殺傷を及ぼすことができる兵器だというならば、このような兵器は兵器の新概念の前では、やはり狭義の兵器だ。なぜなら、兵器の新概念は広義の兵器観だからである。それは軍事領域を超えて、戦争に運用できる手段をすべて兵器と見なす。

その視点から見ると、人類に幸福をもたらすものはすべて、人類に災難をもたらすものでもある。言い換えれば、今日の世界で、兵器にならないものなど何一つない。このことは、われわれの兵器に対する認識の上で、すべての境界を打ち破るよう求めている。技術の発展が兵器の種類を増やす努力をしている時期にこそ、思想上の突破によって一挙に兵器庫の扉を開けることができる。われわれから見ると、人為的に操作された株価の暴落、コンピューターへのウイルスの侵入、敵国の為替《かわせ》レートの異常変動、インターネット上に暴露された敵国首脳のスキャンダルなど、すべて兵器の新概念の列に加えられる。兵器の新概念は新概念の兵器に方向を示しており、新概念の兵器は兵器の新概念の型を定着させる。大量に出現している新概念の兵器にとっては、技術はすでに主要な要因ではなく、兵器に関する新概念こそが真の意味で深い原因なのだ。

明確に指摘しておかねばならないのは、兵器の新概念は庶民の生活に密接にかかわる兵器を作り出すということだ。われわれがまず言いたいのは、新概念の兵器の登場は、未来の戦争を、一般人は無論のこと、軍人でさえ想像しにくいレベルまで引き上げるに違いないということ。そして次に言いたいのは、兵器の新概念は、一般人、軍人を問わず、その身の回りにある日常的な事物を戦争を行う兵器に豹変《ひょうへん》させてしまうということだ。人々はある朝、目が覚めると、おとなしくて平和的な事物が攻撃性と殺傷性を持ち始めたことに気がつくだろう。

●兵器の「慈悲化」傾向

原子爆弾の出現以前は、戦争はずっと殺傷力の「不足時代」にとどまっていた。兵器の改善は主に殺傷力の増加に向けられていた。火薬のない兵器や単発の火薬兵器からなる「軽殺傷兵器」から、各種の自動火薬兵器からなる「重殺傷兵器」に至るまで、兵器の発展の歴史は殺傷力を不断に増すプロセスであった。長い間の殺傷力不足は、さらに強力な殺傷力兵器を持ちたいとの軍人たちの欲求を膨らませた。アメリカのニューメキシコ州の原野に赤い雲がもくもくと上がったとき、軍人たちはついに念願の大規模殺傷兵器を手に入れた。この兵器は敵を全部殺すことができるだけでなく、敵を一〇〇回も一〇〇〇回も殺し続けることさえできる。この兵器により人類は必要以上の殺傷力を持つようになり、戦争の殺傷力は初めて余裕を持つようになった。

哲学の原理は、すべての事物は究極に至ったときからその逆の面へと転換することをわれわれに教えている。核兵器のような全人類を滅ぼすことのできる「超殺傷兵器」[17]の発明により、人類は自らが仕掛けたワナに落ちてしまった。核兵器は人類の頭上にぶら下げられたダモクレスの剣となり、人々を考え込ませた――われわれには本当に「超殺傷兵器」が必要なのか。敵を一〇〇回も殺すことと一回だけ殺すことはどう違うのか。敵に勝つために地球を滅ぼす危険まで冒す意義があるのか。どうすれば人類破滅の戦争を回避できるのか。

「相互確証破壊」（ＭＡＤ）という「恐怖の均衡」はこれらの思索に対する直接の産物である。その副産物は、ますます加速する兵器殺傷能力の向上を目指す暴走車にブレーキ装置を提供し、兵器の発展が再び軽殺傷兵器―重殺傷兵器―超殺傷兵器という高速道路に沿って猛スピードで突っ込まないようにさせた。人々は兵器発展の新しい道を探し始め、殺傷力を有効にコントロールし始めた。

いかなる重大な技術の発明も深い文化的な背景を持っている。一九四八年の国連総会で可決された「世界人権宣言」、および、その後のこれに関連する五〇余りの規約は、一連の人権国際基準を作り、大規模な殺傷兵器、とくに核兵器の使用が「生存権」を著しく侵害する「人類に対する犯罪」であると謳《うた》っている。こうして人権などの新しい政治概念に影響され、それに国際経済の一体化が加わり、各種の社会的政治勢力の利益要求や政治的主張が混じり合い、生態環境、とくに人の生命の価値に対する「究極の関心」という考えが打ち出された。このことは殺傷と破壊への配慮、新しい戦争価値観と新しい戦争倫理を生んだ。兵器の「慈悲化」[18]はまさに、人類の文化的背景の大きな変遷が兵器の生産と発展に投影した反応である。

同時に技術の進歩は、敵の中枢に直接打撃を加えながら、周囲に災いを及ぼさない手段を備え、勝利の獲得に多くの新たな選択肢を提供した。これによって、勝利を得る最もよい方法はコントロールであり殺傷ではないことに人々は気づくようになった。戦争の概念、兵器の概念には変化が起き、無制限に殺傷して敵に無条件降伏を迫るという考え方は過去の時代の古くさいものとなり、戦争はベルダン戦役のような悲惨な時代と決別した。

精密殺傷（正確な命中度）兵器と非殺人（死に至らない）兵器の出現は、兵器発展の転換点となった。それは兵器が「強化」の方向へ発展するのではなく、初めて「慈悲化」の傾向を見せることを示した。精密兵器は攻撃目標を正確に絞り、付随する殺傷を減らすことができる。あたかも血を流さずに腫瘤《しゆりゆう》を切除するレーザーメスのように、それは「外科手術式」打撃などの新しい戦法を生み、戦闘を目立たない程度に抑えても十分明確な戦略的効果を収めることが可能になった。例えば、ロシア人は移動電話を追跡するミサイル一基を使っただけで、頭痛の種だったドダエフの強硬な口を永遠に閉じさせ、ついでに小さなチェチェンが引き起こした大きな厄介事を緩和した。

非殺人兵器は敵兵士とその装備の戦闘能力を失わせながら、人間を殺さないものである(19)。これらの兵器が体現する趨勢《すうせい》は、人類が極端な思考を自ら克服し、過剰な殺傷力をコントロールすることを学び始めたということを示している。湾岸戦争の一カ月以上にわたる空爆によって死亡したイラクの民間人は一〇〇〇人程度にとどまり(20)、第二次世界大戦中のドレスデン空爆よりはるかに少なかった。

慈悲化兵器は、人類が兵器の領域で行う多様な選択のうち、最新の自覚的な選択である。それは兵器に新技術の要素を注入した後、さらに人間味をも加えて、今までにない温情の色を戦争に塗りつけた。しかし、慈悲化兵器が兵器であることに変わりはなく、慈悲化の必要によって戦場での効果を低下させることはない。戦車の戦闘能力を奪うには、砲弾やミサイルでその戦車を破壊すればよいし、またレーザーを使って戦車の光学装備を破壊するか、あるいは乗員の視力をなくすこともできる。戦場では、死亡者より負傷者の方がもっとケアの手間がかかる。無人兵器施設は、どんどん高価になっている保護施設よりコストが安い。慈悲化兵器を開発している人は、実はこのような費用対効果比を冷酷に計算しているに違いない。

人員の殺傷は敵の戦闘力を奪い、敵を恐怖に陥れ、その戦闘意志を喪失させることもでき、実に算盤《そろばん》の合う勝利獲得の道と言ってよい。今日、われわれは相手に恐怖を与える、より多くの、より効果的な手段を作り出す技術を十分に持っている。レーザーで天幕に聖徒受難像を投影すれば、宗教に敬虔《けいけん》な兵士を十分に震え上がらせることができる。このような兵器の製造は技術上なんら障害がなく、必要なのは技術にさらに多くの想像力を付け加えるということだけだ。

慈悲化兵器は兵器の新概念から派生したもので、情報兵器は慈悲化兵器の突出した代表である。ハードな破壊を与える電磁波兵器であれ、ソフトな攻撃を加えるコンピューター・ロジック爆弾やインターネット・ウイルス、メディア兵器であれ、狙っているのは（兵器の）麻痺《まひ》と破壊で、人間の殺傷ではない。技術総合時代であるからこそ生まれた慈悲化兵器は、恐らく最も前途のある兵器発展の趨勢を示しており、今日のわれわれには想像も予知もできない戦争状態と軍事革命をもたらすだろう。それは人類戦争史上、最も奥行きの深い変化で、新旧の戦争状態の分水嶺《れい》である。なぜなら慈悲化兵器の出現は、冷たい兵器や熱い兵器の時代の戦争を、すべて〝旧〟時代に放り込んでしまったからだ。

だからといって、われわれは技術のロマンチックな幻想に浸り、これからの戦争は電子ゲームのような対抗ゲームになると安心するわけにはいかない。コンピュータールームでの戦争シミュレーションにしても、国全体の総合的な力を前提としている。独活《うど》の大木が一〇の戦争シミュレーションを用意しても、実力的に自分より上の敵を脅かすには力不足である。戦争は生きるか死ぬか、滅ぼすか滅ぼされるかであり、いささかも天真爛漫《らんまん》であってはならない。たとえある日、すべての兵器が完全に慈悲化されたとしても、流血の戦争を避けられるかもしれない慈悲化戦争とて戦争であることに変わりはない。それは戦争の残酷なプロセスを変えることはできても戦争の強制的な本質を変えることはできないし、残酷な結末を変えることもできない。

注

（1）エンゲルスは、こう書いている。「無知蒙昧《もうまい》の時代における弓と矢は、野蛮時代における鉄の剣、文明時代における火器と同様に、決定的な兵器であった」（『マルクス・エンゲルス全集』第四巻、人民出版社、一九七二年、p.19）

　作戦方式を変えた馬の鐙の役割については、顧準の論文「『鐙と封建主義——技術は歴史を作るのか』の訳および評注」を参照。「鐙……はただちに至近戦を可能にし、一種の革命的な新しい戦闘方式を呼び起こした……鐙のように、簡単ではあるがそれほどの触媒作用を果たした発明は少ない」「鐙は西ヨーロッパで一連の軍事的・社会的改革を引き起こした」（『顧準文集』貴州人民出版社、一九九四年、pp.293～309）

（2）「一八五〇年から六〇年にかけて発明されたライフル銃と円錐形銃弾は、これまでのいかなる先端兵器に比べても、最も深く、かつ直接の革命的な影響を及ぼした。……二〇世紀に登場した高エネルギー爆弾、飛行機、戦車が現代に与えた影響は、恐らく当時のライフル銃の影響に及ばなかっただろう」。詳細はT・N・デュピュイ著『兵器と戦争の変遷』の第三部第二一節「ライフル銃、円錐形銃弾、分散隊形」（軍事科学出版社、一九八五年、pp.238～250）を参照。

（3）一九一六年七月一日、第一次世界大戦のソンム川会戦でイギリス軍はドイツ軍に攻撃を仕掛けたが、密集隊形がドイツ軍のマキシム機関銃に掃射され、イギリス軍に一日六万人の死傷者が出た。ここから密集隊形の突撃が徐々に戦場から消えた（劉戟鋒著『兵器と戦争――軍事技術の歴史的変遷』国防科技大学出版社、一九九二年、pp.172～173）。

（4）仮に戦争ゲームマシンに関するウィーナーの見解を、情報兵器についての最初の論述としないとしよう。それなら一九七六年に、情報戦は「政策決定システムの間の戦いである」と述べたトム・ローナーこそ、その言葉によって「情報戦」という用語を最初に使った人である（ダグラス・ダース「情報戦の内包、特質および影響」アメリカ『軍事情報』一九九七年一～三月号）。一〇年余りの軍人経験を持つわが国の少壮学者・沈偉光が独自の研究を行い、一九九〇年に『情報戦』を出版した。これは恐らく情報戦を研究した最初の専門書だろう。トフラーは『第三の波』の勢いを借り、ベストセラー『パワーシフト』を著し、その中で「情報戦」の概念を全世界へ広げた。湾岸戦争はこの概念を売り出す上でちょうど絶好の広告となり、そこから「情報戦」の議論は一種の流行となった。

（5）外国の専門家は、「ハイテク」がまだ完全に定着していない概念、動態にある概念であり、国によってはハイテクの重心もそれぞれ違うと考えている。軍事ハイテクには主に、軍用マイクロエレクトロニクス技術、コンピューター技術、光電子技術、宇宙技術、バイオテクノロジー、新素材技術、ステルス技術、ダイレクトエネルギー技術がある。軍事ハイテクの最も重要な特徴は「総合性」である。すなわち、それぞれの軍事ハイテクは多くの技術によって構成され、一つの技術群となっている（詳細は軍事科学院外国軍事研究部編『外軍資料』一九九三年第六九号を参照）。
（6）「情報戦」の定義については、まだ諸説が入り乱れている。アメリカ国防総省と統合参謀本部の定義は次の通りである――（情報戦とは）味方の情報、情報処理、情報システム、コンピューターネットワークを守ると同時に、敵方の情報、情報処理、情報システム、コンピューターネットワークを攪乱《かくらん》するため、対敵情報の優性を獲得することによって取った行動である。アメリカ陸軍のFM100－6号野戦規定『情報作戦』は、「情報戦に対する国防総省の認識は、情報の実際の衝突に及ぼす影響に偏りすぎている」と述べている。陸軍の理解としては、「情報はすでに平和時からグローバル戦争に至る軍事行動の各方面に浸透している」（軍事科学出版社、中国語版、pp.24～25）。「広義の情報戦とは、情報を利用して国家目標を達成する行動である」というアメリカ空軍大学ジョージ・スタイン教授の定義は、陸軍よりも核心をついている。ブライアン・フレデリクス大佐は季刊『統合部隊』一九九七年夏号に掲載した論文で、「情報戦は国防総省の範囲を超えた国家的な問題である」と述べている。これは情報戦が広範囲にわたることについての最も正確な表現だろう。
（7）「情報戦」の概念がますます拡大している状況とは逆に、アメリカ軍内の頭のいい一部の少壮将校は「情報戦」の概念に対して、盛んに反論を加えている。ジェームズ・ロジャーズ空軍中佐は「情報戦はとくに新しいものではない。……情報戦の技術と謀略が『兵器戦』に取って代わると断言する人たちは、自信過剰ではないか」と指摘している（アメリカ『海兵隊』一九九七年四月号）。ロバート・ガーリー海軍少佐は「情報戦における七つの誤り」を指摘している。「⑴比喩《ひゆ》の手法を濫用している。⑵脅威を過大視している。⑶自らの実力を過大評価している。⑷歴史の相関性と正確さ。⑸批判を避けようとする異常な企て。⑹全く根拠のない想定。⑺規範のない定義」（アメリカ『イベント・マガジン』一九九七年九月号）。ユーリン・ホワイトヘッド空軍少佐は、『空軍ジャーナル』一九九七年秋季号に文章を掲載し、情報は万能ではなく、情報兵器も「魔法の兵器」ではない、と指摘している。情報戦を疑問視しているのは個人だけではない。アメリカ空軍の文書『情報戦の基礎』では、「情報時代の戦争」と「情報戦」とを厳格に区別している。「情報時代の戦争」とは情報化した兵器を使った戦争であり、例えば巡航ミサイルを使って目標を攻撃することである。一方の「情報戦」とは情報を独立した領域、強力な兵器とすることである。このほか、一部の著名な学者も意見を発表している。ジョンズホプキンス大学のエリオット・コーエン教授は、「核兵器が必ずしも通常兵器を淘汰《とうた》しなかったのと同様に、情報革命もゲリラ戦、テロリズム、大規模殺傷兵器を淘汰することはないだろう」と警告している。

（8）バイオテクノロジーを利用して作られた高分子システムは、さらに先進的な電子部品の材料になる。例えば、蛋白質《たんぱくしつ》分子のコンピューターは現在よりコンピューターの演算スピードや保存能力が数億倍もすぐれている（『次世紀への軍事新観点』一九九七年版、軍事科学出版社、pp.142～145）。

（9）新兵器の実験場といわれている湾岸戦争でさえも、多くの旧型兵器や普通の弾薬が重要な役割を果たした（詳細については、『湾岸戦争――アメリカ国防総省が議会に提出した最終報告書の付録』を参照）。

（10）「空地一体戦」から始まったアメリカ軍の兵器・装備の研究開発はおよそ五段階に分けられている――要求の提出、計画案の作成、計画案の論証、エンジニアリングの研究と生産、部隊の配備。デジタル化部隊の装備もこうしたプロセスに基づいて開発が進められる（アメリカ『陸軍』一九九五年一〇月号）。一九九七年三月、アメリカ陸軍は旅団規模のハイレベルの演習を実施し、全部で五八種のデジタル化装備をテストした（アメリカ『陸軍時報』一九九七年三月三一日、四月七、二八日）。アメリカ陸軍資材司令部司令官ジョン・E・ウィルソン大将の紹介によると、彼の任務は、訓練・規定司令部に協力して、大胆かつ新奇な発想のために、必要に合致した先端技術の装備を開発することである（アメリカ『陸軍』一九九七年一〇月号）。

（11）ロシア総参謀部軍事大学科学研究部のスリプチェンコ部長は、戦争と兵器はすでに五世代を経て、今は第六世代へ移行している、と考えている（朱小莉、趙小卓著『アメリカとロシアの新軍事革命』一九九六年版、軍事科学出版社、p.6）。

（12）『国防大学学報』一九九八年第一一号に、陳伯江のアメリカ国防小委員会フィリップ・オーディン委員長訪問記が掲載された。オーディンは何回も「非対称作戦」に言及し、これはアメリカにとっての新たな脅威だと語った。アントリオ・エチェバリアは雑誌『パラメーター』に論文を発表し、「ポスト工業化時代において最も手ごわいのは相変わらず『人民戦争』だ」と述べている。

（13）オルガコフが、電子技術は通常兵器の革命を引き起こし、しかもその効果が核兵器に取って代わるということをすでに予見していた、とアメリカの国防専門家は認めている。しかし軍事革命についてのオルガコフの卓越した見識は、体制の問題によって棚上げされた。「もしある国が、技術革命をフォローする代価が大きく、その体制や物質条件の許容限度を超えても、依然としてライバルとの軍事力競争を続けるならば、その結果、実際の軍事力の使用面でさらに遅れてしまうだけである。ロシアはツァーリの時代も旧ソ連の時代もこうした運命をたどった。旧ソ連は軍事の負担に耐えられなかったにもかかわらず、軍当局は戦略縮小の要求を受け入れることを望まなかった」（スティーブン・ブランク「次の戦争に備えよ――軍事革命に関する私見」アメリカ『戦略評論』一九九六年春季号から引用）

（14）一九八一年、アメリカ空軍は二二〇億ドルを投入して、B２爆撃機を一三二機生産する予定だった。ところが八年後、この費用でB２爆撃機を一機しか造れなかった。もし単位当たりの重量価値で計算すると、一機のＢ２爆撃機の価格は同じ重さの金の三倍もすることになる（朱志浩「アメリカのステルス技術政策の分析」『現代軍事』一九九八年第八号、p.33、を参照）。

（15）アメリカ国防総省は、一九九三年一月一三日のイラク空爆の状況を分析し、ハイテク兵器には多くの限界があり、総合効果爆弾の方が精密爆弾よりさらに効果的であることを認識するに至った（アメリカ『週刊航空と宇宙技術』一九九三年一月二五日）。

（16）新概念の兵器には主に動態エネルギー兵器、ダイレクトエネルギー兵器、亜音波兵器、地球物理兵器、気象兵器、太陽エネルギー兵器、遺伝子兵器などがある（『次世紀への軍事新観点』p.3）。

（17）「大規模殺傷兵器」の概念に代えて、「超殺傷兵器」の概念を用いるのは、この種類の兵器の殺傷力が戦争の必要性を超え、人類の極端な思考の産物であることを強調したいからだ。

（18）「慈悲化」兵器の「慈悲」とは、主に殺戮《さつりく》と、これに付帯する殺傷を減少させることを指している。

（19）イギリス『国際防衛評論』一九九三年四月号によると、アメリカ軍は光学兵器、高エネルギー・マイクロ波爆弾、音波兵器、パルス・ケミカル・レーザーを含む多くの非殺傷兵器の研究に力を入れているという。『ジェーン・ディフェンス・ウィークリー』一九九六年三月六日の記事によれば、アメリカ国防総省非殺傷兵器上級指導委員会が、政策を立案し、こうした兵器の開発、購入、使用についての規定を作ったという。

このほか、『一九九七年世界軍事年鑑』(p.521~522)の紹介によると、アメリカ国防総省は「非致死兵器研究指導グループ」を設置した。その目標は非致死兵器をできるだけ早く兵器リストに載せることである。

(20) 軍事科学院『外軍資料』一九九三年第二七号、p.3。

第二章　戦争の顔がぼやけてしまった

歴史の中で戦争はいつも変化している。

――ボッフェル

先人たちが動物の狩猟を人類の殺戮《さつりく》に変えた後、戦争というこの怪物は、鎧甲《よろいかぶと》を身につけ、さまざまな目的に駆り立てられた軍人たちによって血なまぐさい戦場に閉じ込められてきた。戦争は軍人の仕事、軍人の天職である。数千年にわたって軍人、兵器、戦場はいかなる戦争においても不可欠の三つのハードウエアとなってきた。その中に装塡《そうてん》されているソフトウエアとは戦争の目的である。これらは戦争の基本要素を構成し、誰もがこれに疑問を発しなかった。しかしある日、人々は、絶対に変わらないはずのこうした戦争の要素が全くつかみにくくなってしまい、戦争の顔がぼやけてしまったことに気づいた。

●何のために、誰のために戦うのか

古代ギリシャ人にとって、トロイ戦争の目的は単純明瞭《めいりょう》だった。ホメロスの叙事詩を歴史的真実と信じるなら、きっとヘレンの美貌《びぼう》は、一〇年にも及んだ長い戦争で奪い合うだけの価値があったのだろう。限られた視野、狭い活動範囲、軽視されていた人の生命、兵器の殺傷力の弱さ、こうした諸々《もろもろ》の事情によって、われわれの先人たちが行った戦争の目的は、比較的単純なものが多く、ほとんど複雑な要因はなかったと言えよう。

正常な手段で手に入らないものなら、彼らは躊躇《ちゅうちょ》なく非常手段に訴えてそれを自分のものにしようとした。だからこそクラウゼビッツは、代々の軍人や政治家たちが座右の銘とする名言――「戦争は政治の継続である」――を残した。

先人たちは宗教のために戦うこともあれば、豊かな牧場のために戦うこともあったであろう。香料や酒のため、国王や王妃の浮気のためにだって戦争を辞さなかった。歴史書には香料戦争、愛人戦争、ラム酒反乱など、奇妙な戦争名が残されている。また、イギリス人がアヘン貿易のために中国清朝《しん》に仕掛けたアヘン戦争は、恐らく文明史上最大の国家的麻薬犯罪だろう。

こうした歴史を見ればわかるように、近代以前の戦争は動機と行動が単純だった。後のヒトラーの「ドイツ民族の生存圏」や、日本人の「大東亜共栄圏」は、スローガンとしては以前の戦争の目標より多少複雑になっているように見えるが、その実質は、新興帝国が従来の列強の勢力範囲に食い込み、植民地から利益を略奪しようとしたにすぎない。

しかし今日《こんにち》では、何のために戦うのかは容易に言えなくなっている。とくに冷戦後、東西両陣営の間に横たわっていた鉄のカーテンが突然崩壊し、「革命の輸出」という理想も「共産主義の封じ込め」というスローガンも、ひとたび旗を振れば応募者が殺到するというようなかつての求心力を失い、陣営がはっきり分かれていた時代は終わった。「誰がわれわれの敵なのか、誰がわれわれの友なのか」という革命にとっても反革命にとっても最重要の問題は、突然、曖《あい》昧《まい》になってしまった。

昨日の敵は今日の友となっており、かつての盟友が次の戦争では殺し合う関係になってしまう。つい最近までアメリカのためにイランに猛烈な攻撃を展開していたイラクは、今度はアメリカ軍の猛攻撃の対象になった。[1] ＣＩＡが一手に訓練したアフガニスタンのゲリラは、一夜にしてアメリカの巡航ミサイルの新しい標的となった。同じＮＡＴＯの同盟国であるトルコとギリシャは、キプロス問題をめぐって互いに武力に訴える寸前になっていた。同盟関係にある日本と韓国も、小さな島のために相手の顔をつぶしてまでも、あやうくぶつかりそうになった。

これらすべては、古い諺《ことわざ》の正しさを証明している——変わらない友というものはなく、変わらない利益だけがあるのだ。戦争という万華鏡は利益によって動かされ、幻のように絶えず変化していく。ハイテクの急速な発展はグローバル化を加速し、不安定な利害関係を揺り動かしている。領土資源、宗教信仰、部族の恨み、イデオロギーから市場シェア、権力の分配、貿易制裁、金融不安に至るまで、何もかも戦争を起こす理由になる。それぞれ違う利益の追求は戦争の目的をぼかし、何のために戦うのかという質問に明確に答えることは、ますます難しくなっている。(2)

言うまでもなく、湾岸戦争を経験した若者の誰もがこう話してくれるだろう――自分は弱小のクウェートで正義を回復するために戦った、と。しかしこの戦争の真の目的はこうしたきれいごととは全く違うかもしれない。実際、どの参戦国も自らの動機と目標を詳細に計算してから、「砂漠の嵐」に身を投じたのだ。

戦争の初めから終わりまで、西側諸国は終始自分の石油権益を守るために戦っていたのだ。この主要な目標の上に、アメリカ人はUSAのマークを付けた世界新秩序樹立の追求を付け加えた。あるいは幾分、宣教師式の正義を守る熱意を抱いていたかもしれないが……。サウジアラビア人は近隣の脅威を取り除くため、イスラムのタブーまで打ち破り、「狼とのダンス（ダンス・ウィズ・ウルブズ）」も辞さなかった。

イギリス人はフォークランド諸島戦争のときに応援してくれたアンクルサムに感謝するために、ブッシュ大統領の全行動に協力を惜しまなかった。フランス人は中東での伝統的な影響力を失ってしまう羽目にならないように、最後の瞬間に湾岸への出兵を決めた。

このようなそれぞれの思惑を持ったままの戦争に、単一の目的などあるはずがなかった。多くの参戦国からなる利益集団は「砂漠の嵐」という現代の戦争を、共通利益の旗を掲げつつも各自の異なる利益を追求するゲームへと変えた。いわゆる共通利益とは、戦争を遂行する上で参戦各国のいずれも受け入れ可能な最大公約数ということにほかならない。共同で戦争を遂行するには、各国の利益に気配りをしなければならない。一国内でも異なる利益階層が戦争に対し各自の要求を訴えるのと同様に、異なる国家も戦争の中で必ず異なる利益を追求するのだ。

複雑な利害関係によって、われわれは湾岸戦争について、これが石油のための戦争なのか、世界新秩序のための戦争なのか、または侵略者を追い出すための戦争なのか、総括できないでいる。ごく少数の軍人だけが、政治家なら誰でもわかっている原理——現代の戦争と過去の戦争との最大の区別は、公の目標と隠されている目標とがいつも別である——を了解できただろう。

●どこで戦うのか

「行ってきます！」。荷物を背負った青年は家族に別れを告げ、恋人や妻、両親は涙ぐんで彼を送り出す。これは戦争映画によく出てくる場面だ。青年は馬に乗って行くのか、列車や船または飛行機に乗って行くのかは、さほど重要ではない。大事なのは彼が永遠不変の行き先、戦火の絶えない戦場に赴くことだ。

歴史上、冷たい兵器の時代においては、戦場は小さく兵士はそこに密集していた。一つの平地、一カ所の要塞《ようさい》、あるいは一つの街で双方の大軍は体をぶつけ合って格闘をくり広げる。現代の軍人から見れば、人をうっとりさせる古戦場は、軍用地図に描かれる点のような場所にすぎず、近代戦争の広々とした壮大な場面とは比べものにならない。

火器の出現によって軍隊の陣形は分散し、点状の戦場はだんだん戦線へと広がった。第一次世界大戦のときの延々数百キロにも及ぶ塹壕《ざんごう》は、点と線からなる戦場を横へ極端に長く延ばし、同時に縦にも数十キロに及ぶ平面型の戦場に変えた。当時の戦争経験者にとって、新型の戦場は塹壕、トーチカ、鉄条網、機関銃、砲弾穴を意味していた。

軍事技術の爆発的な変化は、戦場の空間をも爆発的に拡大した。戦場は点状から線状、平面から立体へと膨張し、その膨張ぶりは予想以上に速く、ほとんどとどまるところがなかった。戦車が轟音《ごうおん》を響かせながら塹壕を潰《つぶ》して通っていくときに、「ツエッペリン」飛行船もすでに爆弾の投下を習得し、プロペラの飛行機にも機関銃が取り付けられていた。

しかし、兵器の発展が必ずしも自動的に戦場の変化をもたらすわけではない。戦争史上いかなる重大な進展も軍事専門家の主動的な新機軸の創造に頼らなければならなかった。フラーの著書『一九一四〜一八年の大戦における戦車』とG・ドゥエの著書『制空権』、それにトゥハチェフスキーが提唱し演習を指揮した立体戦法は、数千年も続いた地上戦を一気に立体空間へと膨張させた。

戦場を徹底的に変えるように試みたもう一人の人物はルーデンドルフである。彼は「一体戦」の理論を打ち出し、戦場と後方を一体にしようと考えた。結局は成功しなかったが、この理論によって、彼は後に半世紀以上にわたり、類似の軍事思想の先駆者になった。ルーデンドルフが想定していた戦場は必然的にマズーリ湖沼地方（ポーランド）とベルダン（フランス）でしかありえなかった。これはいわば軍人としての彼の宿命であり、そして時代の宿命というものでもあっただろう。当時、戦争の女神の翼は、まだクルップ砲の射程より遠くまで届かず、砲弾の放物線を戦場の後方まで描くことができなかった。

しかし二〇年後、ルーデンドルフより好運に恵まれたヒトラーは遠距離兵器を持っていた。彼はメッサーシュミット爆撃機とV1、V2ロケットを使って、近世以降は侵入されたことがないという対岸の島の歴史を塗り替えてしまった。戦略にも戦術にも明るくないヒトラーは、直感に頼って前線と後方の境界をごちゃまぜにした。彼は戦場と非戦場との間に立つ壁を壊した革命的な意義を真に理解してはいなかった。もっとも、戦争の狂人で中途半端な軍事指導者にすぎなかった人物が、こうした点を理解するのは無理だったかもしれないが。

しかし、こうした革命が到来するのは時間の問題だった。今度も技術が思想をリードした。

まだどの軍事思想家も究極の戦場概念を作り上げていないうちに、技術はすでに現代の戦争をほとんど果てしない領域に広げていた。宇宙には人工衛星があり、海底には潜水艦があり、弾道ミサイルは地球上のどこにでも飛ぶことができ、目に見えない電磁波空間の中で電子の戦いが行われつつある。人類の最後の避難所である心の世界でさえ、心理戦の打撃を避けられない。誰もが、天地四方に覆いかぶさっている戦争の網から逃げられないのだ。作戦地域の幅や奥行きや高度などといった軍事用語は、すでに時代遅れのものになっている。戦場の空間は人類の想像力と技術の掌握により、極限に迫る勢いだ。

にもかかわらず、技術に誘導されてきた思想は自ら踏み出した足を止めようとはしない。技術の誘導によってさらに魅力的なビジョンが映し出されているからだ。通常の空間に戦場を限定しては、あまりにも窮屈だ。未来の戦場は、これまでの戦場のサイズを機械的に引き伸ばすだけではすまなくなっている。海のさらに深いところで、あるいは空のさらに高いところで行う戦争こそ未来の戦争の拡大・発展の趨勢《すうせい》であるとする見方は、普通の物理学の程度にとどまった皮相な観察と結論にすぎない。

真に革命的な意義を持つ戦場の変化は、非自然空間での開拓によるものである。例えば、電磁波の空間を従来的意義の戦場空間と見なすことはできないだろう。それは技術が作り出し、技術に依存している別の空間であり、こうした「人工空間」あるいは「技術空間」(3)の中では、長さ、幅、高さ、あるいは陸、海、空といった概念はすべて意味を失ってしまう。というのは、電磁波信号は通常の空間を占拠しないが、同時にこの空間を充満させ、コントロールできる特殊な存在だからである。

今後の戦場空間で起きる重大な変化や拡大は、ある種の技術発明、あるいは複数の技術結合が斬新《ざんしん》な技術空間を創造できるかどうかにかかっている。現代の軍人たちの注目を集めている「インターネット空間」がすなわち、電子とＩＴ、それに特別に設計された連結方式によって形成された技術空間である。もしこの空間で行われる戦争が、やはり人間によって完全に操作、コントロールされるとしたら、次に出現する「ナノ空間」こそ、真に無人化戦争の夢を実現する希望を人類に持たせるだろう。

想像力と創造力にあふれている一部の軍人たちは、明日の戦争にこれらの新しい技術空間を導入しようと企《たくら》んでいる。戦場が根本的に変化する時期は目前に迫っている。われわれの身近に起きていながらも、誰も気づかずにいるインターネット戦争やナノ戦争が現実のものとなる日も、そう遠いことではないだろう。これは非常に激烈だが、ほとんど流血を伴わない戦争だ。しかしその結果、勝つ側と負ける側が出ることには変わりはない。

多くの場合、このような戦争は伝統的な意義を持つ戦争と並行してくり広げられる。二つの戦場空間、通常の空間と技術空間が、重なったり交錯したりして、別々に進行し、戦争はマクロの世界からミクロの世界まで、異なる物理的特性を持つ領域で同時に展開し、最終的には、人類戦争史上未曾有《みぞう》の戦場の奇観を呈するだろう。これと同時に、軍用技術と民生技術との間、プロの軍人とアマチュア戦士との間に、ますます区別がつかなくなり、戦場の空間と非戦場の空間との重なりがますます増え、両者の境界線もますますぼやけていく。

かつて全く隔離されていた領域は何もかも打ち破られ、いかなる空間も人類によって戦争の意義を付与されてしまう。場所、手段、目標を問わず、攻撃を仕掛ける能力さえあれば、そこは即座に戦場となる。コンピュータールームや証券取引所にいても、敵国に致命傷を与える戦争を引き起こすことができる。こういう時代になれば、いったいどこに非戦争空間があるというのだろうか。

命令を受け、戦場へ出発する若者が、私はどこの戦場に行くのかと尋ねたとしたら、その答えはこうなるだろう。「どんなところへも」

●誰が戦うのか

一九八五年、中国が軍の「一〇〇万人大削減」を行ったのがきっかけとなって、この十数年の間に、世界の各主要国は相次いで軍隊の人員削減を実施した。多くの軍事評論家に言わせれば、冷戦の終結に当たり、かつて敵対していた国々が平和の配当金の山分けを急ごうとしたことが、今回の世界的規模の軍縮につながる重要な原因だったという。

しかし実はこれは氷山の一角でしかない。軍の簡素化をもたらしたのはこれだけでなく、もっと深い原因が別にあったのだ。それは、大工業の流れ作業に乗って鋳造成型され、機械化戦争の必要に応じて組織された大規模な職業軍隊が、日増しに高まる情報化戦争の波の前に、その肥大化しすぎて思うままにならない姿をさらけだしたことだ。それゆえ、先見の明のある国は軍の簡素化の中で、人数の圧縮に主眼を置くのでなく、軍人の資質や兵器・装備におけるハイテクの割合の上昇、さらには軍事思想や作戦理論の更新に力を注ぐようになった(4)。

「勇ましい武人がわが城を守る」時代はすでに過去のものだ。核戦争という言葉さえ古くさい軍事用語になってしまいそうな今日の世界では、度の強い近視眼鏡をかけた色白の書生の方が、頭が単純で筋肉の盛り上がっている大男よりもっと現代の軍人にふさわしい。ある中尉が一台のモデムを使って一部艦隊の武装を解除したという、西側の軍隊で伝えられている話が、その最もよい証拠となるだろう(5)。

二〇世紀に絶え間のない技術爆発の洗礼を経て、あるいはさらにロック音楽やディスコ、ワールドカップ、NBA、ハリウッドといった世界的流行文化の薫陶を受け、今日の軍人たちが先輩との間に抱える世代格差は、われわれが前に指摘した兵器の世代格差と同様、一目瞭然である。このような世代格差は無論体力だけでなく、知能の上でも明らかな相違となって表れている。七〇～八〇年代に生まれた新しい世代の軍人は、たとえウエストポイント士官学校でサバイバル訓練を受けたとしても、現代社会によって植え付けられた文弱な習性を捨てきれないでいる。現代の兵器システムは彼らにずっと遠くにある戦場を提供し、視界の外から敵に打撃を与えるようになっているため、必ずしも血まみれの殺し合いに直面する必要はなく、軍人たちは孔子《こうし》が言う、厨房《ちゆうぼう》から遠く離れたえせ君子になっている。デジタル化部隊の戦士は、鉄血の武士が数千年の戦争で築き上げた揺るぎない地位に取って代わろうとしている。

ＩＴが登場し、工業社会の伝統的な分業構造の砦《とりで》を打ち破ってから、戦争はもはや職業軍人の特権ではなくなり、「平民化」の傾向を見せ始めている。(6) これは必ずしも毛沢東の「全民皆兵」理論の影響を受けたというわけではない。もともと広範な民衆の動員は必要ではなく、それとは全く反対に、平民の中の技術エリート分子が招かれもせず門を破って入ってきたために、職業軍人やプロ化した戦争は幾分ばつの悪い挑戦に直面せざるをえなかったのである。

誰が次に起きる未知の戦争の主役になるのだろうか。最も先に登場して最も名を馳《は》せている挑戦者はコンピューターの「黒客《ハッカー》」だ。大部分が軍事訓練を受けたことも軍関係の職業に従事したこともない彼らが、個人の技術上の特技を使うだけで、軍や国家の安全にやすやすと重大な危害を与えることができる。

アメリカのＦＭ１００－６号野戦規定『ＩＴ作戦』に典型的な事例が挙げられている。九四年、あるハッカーがイギリスからニューヨークのアメリカ空軍開発センターを襲撃し、三〇のシステムの安全を危険にさらすとともに、一〇〇余りの他のシステムにも侵入し、被害は韓国の原子力研究所やアメリカ航空宇宙局（NASA）にも及んだ。驚かされるのは、今回の攻撃が及んだ広さと被害の重大さだけではなく、ハッカーが一六歳の少年だったことである。

少年がゲームを目的に侵入したことは、もちろん戦争行為とは見なされない。問題は、何がゲームによる破壊で何が戦争による破壊か、何が平民の個人的行為で何がアマチュア戦士の敵対行動か、さらには何が組織的な国家のハッカー戦争なのか、をどう認定するかである。九四年、アメリカ国防総省は二三万回にも及ぶ、安全にかかわるインターネットへの侵入を受けた。こうした事件の中にアマチュア戦士による組織的破壊行動がどれくらいあったのか。それは永遠にわからないかもしれない(7)。

この社会にいろいろな人間がいるように、ハッカーにもさまざまな人がいる。インターネットのカーテンの中に身を隠している、境遇も価値観も異なる各種のハッカーの中には、好奇心に駆り立てられる中高校生、インターネット上でカネ儲《もう》けを企む者、心に恨みを抱く会社員、正真正銘のインターネット・テロリストやインターネット傭兵《ようへい》部隊などがいる。これらの人々は理念から行動まで全く違うが、インターネットという同一の世界に集まり、彼ら独自の倫理観念や価値判断に基づいて行動する。中には根っから漠として目標のない者もいる。

彼らは善悪を問わず、現実社会のゲームのルールに束縛されない。コンピューターを使って他人の銀行口座から大金を下ろし、悪質ないたずらをして人が苦労して積み重ねた貴重なデータを削除することもある。また、伝説中の一匹狼の俠客《きようかく》みたいに、自分のすぐれたインターネット技能を駆使して悪の一味に挑むこともある。スハルト政権が隠していた、インドネシア華人に対する組織的な加害行為は、正義感を持つ目撃者によってまずインターネットに公表され、全世界を震撼《しんかん》させると同時に、インドネシア政府と軍を道義の審判の場に立たせることになった。

その前に自称「Ｍｉｌｗｏｒｍ」というハッカーもインターネット上で見事な演技を見せてくれた。インドの核実験に抗議するため、彼らはインド原子力研究センターのインターネット防御壁を通り抜け、Ｗｅｂのホームページを書き換え、５ＭＢのデータをダウンロードした。今回の行動はそこまでと控えめなもので、標的をめちゃくちゃに攪乱《かくらん》したわけではない。しかし、こうした行動は狙った効果を発揮したほか、象徴的な意義を持っている。情報化時代では一発の核弾頭の作用が、あるいは一人のハッカーのそれにかなわないかもしれない。

ハッカーたちよりもさらに現実世界に殺気あふれる脅威を与えるのが、名前を聞くだけで西側諸国に胸騒ぎを与える、あの非国家組織である。これらの組織は、イスラム聖戦組織、アメリカの白人民兵、日本のオウム真理教、さらに、最近（一九九八年）ケニアとタンザニアのアメリカ大使館に爆弾を仕掛けたビンラディンなどのテロリスト集団のように、多かれ少なかれ軍事的色彩を持つ組織で、いずれも極端な理念や動機に駆り立てられている。言うまでもなく、彼らのさまざまな異常で狂気じみた破壊活動は、一匹狼のハッカーより現代戦争の新たな策源地になる危険性が高い。一定のルールを遵守し限定された力で限定された目標だけを達成する国家と政府軍は、いかなるルールも遵守せず無限の手段を使って無限の戦争を平気で仕掛ける組織と対抗するとき、往々にして優位に立つのが非常に難しくなる。

九〇年代に入ってから、アマチュア戦士や非国家組織が展開している一連の軍事行動と歩調を合わせ、別のアマチュア戦士が行っている非軍事的戦争もその手がかりを現し始めた。彼らは一般的な意味でのハッカーとは違うし、また準軍事組織のメンバーでもない。彼らはシステム・アナリストであったり、ソフトウエアのエンジニアであったり、あるいは株式市場の場立ちであったり、大量の遊休資金を擁する金融業者であるかもしれない。さらには、多くのメディアをコントロールするメディア王、著名なコラムニスト、テレビ番組の司会者であるかもしれない。やみくもで残酷なテロリストと違って、彼らは通常、確固たる人生の理念を持ち、その信仰の熱狂ぶりはビンラディンにも決して劣ることはなく、いつでも戦闘に身を投じる勇気と動機を十分に持っている。こうした基準で測ってみると、ジョージ・ソロスは金融テロリストでないと誰が言えよう。

現代技術はこのように兵器と戦場を変え、それと同時に戦争参加者の概念をもぼかしてしまった。戦争は今後、軍人の専売特許ではなくなる。

技術の融合がもたらしたグローバル化の副産物の一つは、グローバル化したテロ活動である。アマチュア戦士や非国家組織は主権国家に対しますます大きな脅威を与えており、このことから、彼らはすべてのプロの軍隊にとってますます軽視できない相手となった。彼らと比べて、プロの軍隊は巨大でありながら、新しい時代を前にして適応能力に欠ける恐竜のようなものであり、一方彼らは生存能力の極めて強い齧歯《げっし》目《もく》の動物で、鋭い歯で世界の大半をかじりとっている。

●どんな手段、どんな方式で戦うのか

未来の戦争の作戦手段や方式を述べるには、アメリカ人の考えに触れざるを得ない。なぜならアメリカは世界最後の覇者であるというだけではなく、この問題に関する彼らの考えには確かに他の国の軍人よりすぐれたところがあるからだ。未来の戦争を情報戦、精密交戦[8]、統合作戦[9]、それに非戦争の軍事行動[10]という四つの主要作戦パターンにまとめていることだけを挙げても、想像力に富み、同時に現実的でもあるアメリカ人が、未来の戦争について深く理解していることがわかる。

　この四つの作戦パターンのうち、伝統的共同作戦や協同作戦、ないしは空地一体作戦から発展してきた統合作戦を除いて、ほかの三つはいずれも軍事上の新思考から生まれたものだ。アメリカ陸軍元参謀長のゴールデン・サリバン大将は情報戦を、未来の戦争の基本作戦パターンと認定した。そのため彼はアメリカ軍ではもちろん、世界でも初めてのデジタル化部隊を作った。さらに「未来の戦争は情報処理とステルス遠距離攻撃を主要な基礎とする方向へ全面転換する」という認識に基づき、精密交戦の概念を打ち出した。

　アメリカ人は、精密誘導兵器、汎《はん》地球測位システム（GPS）、C^4Iシステム、ステルス機などのハイテク兵器と装備の出現によって、軍人は恐らく消耗戦の悪夢から逃れられると見ている。アメリカ人が「非接触攻撃」と言い、ロシア人が「遠隔戦[11]」と称する精密交戦は、隠蔽《いんぺい》、迅速、正確、高効率、目標外殺傷の少なさといった特徴を持つ。そのため緒戦が決戦となりうる未来の戦争においては、湾岸戦争ですでにその刃物の切っ先を初めて披露したこの戦法が、アメリカの将軍たちが採用したいと思う最優先のパターンとなるだろう。

　しかし本当に創造的な提起の仕方は、情報戦でもなければ精密交戦でもなく、非戦争の軍事行動なのだ。この概念は明らかにアメリカ人が一貫して公言している全世界の利益を基礎としたもので、「天下はすでに任されている」といった典型的なアメリカ式の妄想を帯びている。だがそうは言っても、このような評価はこの概念に対するわれわれの称賛に影響を及ぼすものではない。なぜなら、この概念は、平和維持活動、麻薬取り締まり、暴動の鎮圧、軍事援助、軍備管理、災害救援活動、海外在住の自国民の退去、テロ活動への打撃といった、二〇世紀から二一世紀にかけて人類が全面的に対処する必要のある問題を初めて「非戦争の軍事行動」という籠《かご》の中に入れたからで、軍人はこれによって戦場以外の天地では手も足も出せないということではなくなった。

これによって、アメリカ人の思考の触覚はもう少しで広義の戦争の縁に触れるところだった。しかし残念なことに、この籠は少し小さくて、「非軍事の戦争行動」というこの斬新な概念を最終的に詰め込むことができなかった。しかしこれこそが、人類の戦争に対する認識の上で、正真正銘の革命的意義を持つ見解なのだ。

「非軍事の戦争行動」と「非戦争の軍事行動」というこの二つの概念の区別は、文字が示している区別よりはるかに大きく、語順を並べ替えただけの言葉の遊びではない。後者は非戦争状態における軍隊の任務と行動についてはっきりと命名したにすぎないが、前者は戦争状態に対する理解を、軍事行動の包容能力をはるかに上回る、人類のすべての活動領域にまで拡大した。

この拡大は、人類が目的達成のために極限まで手段を問わなかったことの当然の結果である。ほとんど各種の軍事理論の領域においてリードしているアメリカ人だが、この新しい戦争概念を率先して打ち出すことができなかった。にもかかわらず、われわれは、アメリカ式実用主義の全世界での氾濫《はんらん》、およびハイテクが提供する無限の可能性こそが、この概念を生んだ深層の動力であることを認めなければならない。

「非軍事の戦争行動」は、全世界で頻繁にくり広げられるもう一つの戦争になりつつある。見たところ戦争となんの関係もない手段が、最後には「非軍事の戦争行動」になる――これこそ、グローバルな範囲でますます頻繁に展開されている、もう一つの戦争の寵児《ちょうじ》ではないだろうか。

貿易戦　「貿易戦」は十数年前には形容でしかなかった。しかし今日ではそれは多くの国々にあって、全くのところ、非軍事戦争の道具となっている。とりわけアメリカ人は、貿易戦を名人芸のように、思いのままにもてあそんでいる。国内貿易法の国際的な運用、関税障壁の恣意《しい》的な設定と破棄、手当たり次第の経済制裁、カギとなる重要技術の封鎖、スーパー301条、最恵国待遇などなど、枚挙にいとまがない。こうした手段が生むどの破壊効果一つを取っても、軍事行動に劣るものではない。アメリカが発動したイラクに対する八年にわたる全面的な禁輸は、まさにこの方面の最も典型的な「実戦例」である。

金融戦　東南アジアの金融危機を経験した後、アジア人ほど、「金融戦」に対し深刻な印象を持った人々はいないだろう。いや、印象のみにあらず、まさに錐《きり》で心臓をぐさりと刺されたようだった。国際ヘッジファンドの投資家たちが久しく前から計画し、実行した金融奇襲戦によって、その直前まで「小竜」とか「小虎」と称賛されていた国々が次々と危機に陥り、西側全体から羨《うらや》ましがられていた経済の繁栄は、一夜にして秋風とともに葉が落ちるように、さびれてしまった。

一ラウンドの戦いだけでいくつかの国の経済は一〇年前に逆戻りしたのだ。経済戦線の敗北は、社会的、政治的秩序まで崩壊寸前に陥れた。あちこちで起きた騒乱での死傷者は、局地戦争の死傷者にも匹敵するものであった。まして社会という有機体が受けた損傷の程度は局地戦争よりずっと大きかった。これは非国家組織が非軍事手段を使って、主権国家に対して仕掛けた初めての非武力戦争である。

これによって金融戦は、血を流さないものの、同様の巨大な破壊力を持つ非軍事戦争の形態として、軍人、兵器、流血、死亡が数千年にわたって独占してきた戦争の舞台に正式にデビューした。金融戦が正式の軍事用語として、当然のごとく各種の軍事事典に載せられる日もそう遠くないだろうし、二一世紀の初めに編集される二〇世紀の戦争史では、これが人目を引く一節になるだろう(12)。

この一節で重要な役割を果たすのは政治家でも軍事家でもなく、ジョージ・ソロスだ。言うまでもなく、金融兵器を作戦に用いるのは何もソロスの専売特許ではない。これより前、西ドイツのコール首相はすでにマルクを使って、砲弾でも潰せなかったベルリンの壁を崩壊させていた。[13]彼に続いて、李登輝は東南アジアの金融危機に乗じて、台湾《たいわん》の貨幣を自ら切り下げ、香《ホン》港《コン》の貨幣や香港株、とくにレッドチップに打撃を与えた。このほか、当時の金融の大饗宴《きょうえん》に殺到した大小さまざまの「投機家」たちがおり、その中には格付け報告書を名目に、金融界の大物たちに攻撃目標を提示したモルガン・スタンレーやムーディーズ[14]のような間接的な参加者で、利益を得た者など、ここにいちいち列挙するまでもあるまい。

一九九八年の夏以降、ちょうど一年前に始まった金融戦はさらに広い戦場で第二ラウンドの戦役を展開した。今回戦争に巻き込まれたのは、前年に惨敗を喫した東南アジア諸国に加え、日本とロシアという二つの大国だった。その結果、全世界の経済情勢はますます厳しくなり、コントロールするのが難しくなった。

目には見えない燃え盛る火勢は、火をもてあそぶ者自身の軍服にも燃え移った。ソロスとその「クォンタム・ファンド」はロシアと香港だけで数十億ドルを下らない損失を出したという。[15]金融戦争の巨大な破壊力はここからもうかがえる。核兵器が恐ろしい飾り物となり、実戦の価値を日増しに失っている今日、金融戦はその動作の隠蔽性、操作の利便性、破壊力の強さという特徴を持っているがゆえに、世上の人が注目するスーパー戦略兵器になっている。

少し前のアルバニア動乱の際、敵国に対抗できるほどの巨大な富と多国籍企業グループが設立した各種のファンドの作用をはっきりと見て取ることができる。これらのファンドはメディアをコントロールし、政治組織に資金援助を行って当局と対抗し、国家の秩序を崩壊させ、合法的政府を倒した。われわれは、これをファンド方式の金融戦と呼ぶことができるかもしれない。極めて憂慮すべきだが、同時に正視しなければならないのは、この種の戦争がますます頻繁に起き、その強さがますます強大となり、しかもますます多くの国や非国家組織がこれを利用しようという趨勢である。

新テロ戦　伝統的なテロ戦に対していう。通常の意味のテロ戦は規模が限られているので、死傷者は戦争あるいは戦役がもたらすそれより少ない。だが、(新テロ戦は)暴力的色彩をより濃厚に持ち、しかも例外なく、その行動においていかなる伝統社会のルールにも束縛されない。その軍事的特徴は限られた手段をもって無制限の戦争を行うことである。

こうした特徴ゆえに、一定のルールに従って行動し、無限の手段を持っていながらも限度のある戦争しかできない国家は、戦闘開始の前から不利な立場に立たされる。何人かの乳くささの抜けない少年たちで構成するテロ組織が、なぜアメリカのような強大な国さえ悩ませ、しかも牛刀で鶏を殺すような方法で処理しようとしても功を奏さないかの原因はここにある。最近、ナイロビ(ケニア)とダルエスサラーム(タンザニア)で同時に発生したアメリカ大使館爆発事件は、その最新の証明である。ビンラディン式のテロリズムの出現は、いかなる国家の力であれ、それがどんなに強大でも、ルールのないゲームで有利な立場を占めるのは難しいという印象を世界の人に強く与えた。たとえその国が自らテロリストに変身しても――アメリカ人は現在そのようにやっているのだが――必ずしも勝てるとは限らないのだ。

ただし、もしすべてのテロリストが自分の行動を爆破、誘拐、暗殺、ハイジャックのような伝統的なやり方にのみ限定するなら、それほど恐ろしい事態にはならない。本当に恐ろしいのは、テロリストとスーパー兵器になりうるハイテク技術の遭遇である。そのような先行きはすでにその端緒を見せている。オウム真理教徒は東京の地下鉄で毒ガス「サリン」を撒《ま》いたが、その恐怖は実際に出た死傷者の数をはるかに超えている。この事件は、現代の生物化学技術がすでに人類の大規模消滅を企てるテロリストのために格好の凶器を提供したとの警鐘を鳴らしている。(16)

罪のない者を無差別に殺して恐怖の効果をつくりだす仮面をかぶった殺し屋と違って、イタリアの「マフィア」は全く別のタイプのハイテク・テロ組織である。その目標は明確、手段が抜群で、銀行やニュースメディアのコンピューターネットワークに侵入し、保存データを盗んだり、プログラムを改竄《かいざん》したり、偽りの情報をばら撒いたりするなど、インターネットとメディアに対する典型的なテロ活動である。われわれはこのように最新の技術を使い、最新の領域で人類と敵対するテロ活動を、新テロ戦と名づけることに躊躇しない。

生態戦　現代技術を運用して川、海、地殻、南極・北極の氷、大気圏、オゾン層の自然状態に影響を及ぼし、降雨量、気温、大気の成分、海面の高度、日照などを改変したり、地震を発生させるといった方法で、地球の物理的環境を破壊し、あるいは別の地域生態状況をつくりだす。これが一種の新しい非軍事戦争パターン、すなわち生態戦である。恐らくそう遠くない将来に、人工的に「エルニーニョ」または「ラニーニャ」現象をつくりだすことが、一部の国あるいは非国家組織が手中にする、いまひとつのスーパー兵器となるかもしれない。

とりわけテロの性質を持つ非国家組織は、社会と民衆に責任を持たず、もともとルールに従ってゲームをやらないだけに、生態戦を引き起こす主体になりやすい。さらに現実的に危険なのは、急速な発展スピードを追求するために、地球全体の生態環境がいつも災害と事変の臨界線上に置かれ、たとえ微小な変数の加減でも、生態系の大壊滅を招くことだ。

以上のほかにも、既存の、あるいは存在しうる非軍事戦争の作戦手段や方式をたくさん挙げることができる。例えば、デマや恫喝《どうかつ》で相手の意志をくじく心理戦、市場を混乱させ経済秩序に打撃を与える密輸戦、視聴者を操り世論を誘導するメディア戦、他国民に災いを与えぼろ儲けをする麻薬戦、姿が見えず防ぎようのないハッカー戦、自分勝手に標準を作り専売特許を独占する技術戦、実力を誇示し敵にプレッシャーをかける仮想戦、備蓄を奪い財産を掠《かす》め取る資源戦、恩恵を施し相手をコントロールしようとする経済援助戦、当世風を持ち込み異分子を同化させる文化戦、先手を取ってルールを作る国際法戦など、いくらでも挙げられる。

新しい技術の数だけ新しい作戦手段と方式（これらの手段・方式の交差する組み合わせや創造的使用は含まない）がある時代にあって、すべての手段と方式をいちいち列挙することは徒労だし、その意義もない。意義深いのは、戦争の行列にすでに加わったか、加わりつつある、あるいはこれから加わろうとするすべての手段とその使用方式が、人類全体の戦争観をひそかに変えつつあるということだ。人々はほとんど無限で多様な選択肢に直面したとき、自ら繭《まゆ》を作って自分を縛るように、戦争手段の挑戦と使用を武力と軍事の範囲内に限定する必要がいったいあるのだろうか。

非武力、非軍事、ひいては非殺傷、非流血の方式も同様に、あるいはそれ以上に、戦争目標の実現に有利にはたらくかもしれない。こうした見通しは、「戦争は流血の政治である」という見方を修正すると同時に、武力戦争を、衝突を解決する究極の手段としてきた人類の定見をも改めた。

手段の多様化が戦争の概念を拡大し、概念拡大の結果が戦争活動の領域を拡大したのは明らかだ。ここでは、伝統的な戦場に限定される狭義の戦争が自らの立脚点を探すのは非常に難しく、明日か明後日《あさって》に起きるいかなる戦争も、武力戦と非武力戦をミックスしたカクテル式の広義の戦争になるだろう。

このような戦争の目的は、単に「武力的手段によって自分の意志を敵に強制的に受け入れさせる」だけでは満たされない。それは当然、「武力と非武力、軍事と非軍事、殺傷と非殺傷の手段を含むすべての手段によって、敵を強制して自分の利益を満たす」ことになろう。

注

（1）イラクとアメリカの密接な関係については、『砂漠の勇士——湾岸戦争に関する統合部隊司令官の私見』（軍事誼文出版社、p.212）を参照。「かつてイラクはアメリカと密接な関係を持った。イラクはアメリカから兵器をはじめとして、イランの動向に関する貴重な情報、およびイラン海軍を攻撃するアメリカの武力支持を受けた」

（2）アメリカ『将校』一九九三年二月号に、アスピン国防長官の論文「安全環境の大きな変化を論ず」が掲載されている。

【新旧安全環境の比較】

	従来の安全環境	新しい安全環境
地縁政治環境	二極（硬直） 予見可能 共産主義 アメリカはNo.1の西側強国 固定した同盟 国連の機能停滞	多極化（複雑） 不確定 民族主義と宗教原理主義 アメリカだけがNo.1の軍事強国 暫定同盟 国連の活躍
アメリカへの脅威	単一（旧ソ連） アメリカの生存に危害 明確 抑止可能 ヨーロッパ エスカレートの危険は大 戦略核兵器の使用 公開	多様化 アメリカの利益に危害 不明確 抑止不可能 他の地域 エスカレートの危険は小 テロリストの核兵器使用 隠蔽
軍事力の使用	消耗戦 代理人戦争 主にハイテクに依存 前方配置 前方駐留軍 駐留軍所在国支援	重要目標への決定的打撃 直接増援 高、中、低レベル技術の総合的運用 戦力の輸送投人 アメリカ本土駐留 自力更生

前ページの表から、安全環境の変化に対するアメリカ人の敏感さをうかがうことができる。また冷戦終結後、世界の新しい配置を形成するに当たっての多様な力、多様な要素の制約と影響も見て取れる。

（3）「技術空間」、これはわれわれが物理空間と区別するために打ち出した新しい概念である。

（4）アメリカ国防総省一九九八財政年度の『国防報告』によると、八九年以来、アメリカの軍人数は三二％減少し、大量の老朽設備を廃棄した。この結果、アメリカ軍は大量の人員削減という状況下で戦闘力を向上させた。九七年五月、アメリカ国防総省は『四年ごとの国防審査報告』を発表。その中で「未来に目を向け、アメリカ軍を改革する」ことを強調し、また新しい軍事理論に基づき軍を建設し、人員削減を継続するが、装備購入予算を相対的に増やすことを主張した。

（5）このストーリーは、最初イギリスの『サンデー・テレグラフ』紙に掲載された。それによれば、アメリカ軍当局は国防電子システムの安全性をテストするため、一九九五年九月一八日から二五日にかけて、「ジョイント・ウォリアー」と称する軍事演習を行ったが、その際、この空軍将校は海軍の指揮系統への侵入に成功した（胡泳、範海燕著『ネットワークは王者』海南出版社、pp.２５８～２５９）。似たようなストーリーは数多くあるが、一部の軍事専門家は人を煙《けむ》にまくためのはったりと見ている。

（6）トフラー夫妻は著書『戦争と平和』の中で、こう書いている。「もし戦争の道具がすでに戦車や大砲ではなく、コンピューターウイルスやマイクロロボットであったなら、武装集団は国家と軍人だけの占有物とは言えない」。日本の自衛隊の高間庄一大佐は、「軍事革命（ＲＭＡ）は何をもたらすか――２０２０年頃の戦争様相」という論文の中で、戦争の平民化は二一世紀の戦争の重要な特徴だ、と指摘している。

（7）多くのハッカーが取るのは「ネットワーク・ゲリラ戦」と称する新しい戦法である。

（8）精密交戦は一種の新しい作戦様式であり、その誕生は兵器の精度が向上し、戦場の透明度が増大した総合的な結果である（「アメリカ」リチャード・J・ダン「ゲティスバーグから湾岸戦争後まで」『一九九七年世界軍事年鑑』p.２９４～２９５から引用）。

（9）アメリカ軍統合参謀本部・統合参謀部の文書『二〇一〇年統合参謀本部構想』、季刊『統合部隊』一九九六年夏季号を参照。

（10）アメリカ陸軍一九九三年版『作戦要綱』、アメリカ『陸軍』一九九三年六月号参照。

（11）ロシアの戦術専門家ボロビエフは湾岸戦争を研究した後、遠距離戦闘は大いに将来性のある作戦方法であると指摘している（ロシア『軍事思想』一九九二年第一一号）。

（12）一九九八年八月二三日付のアメリカ『ロサンゼルス・タイムズ』紙は、「平和の最大の脅威は市場である」という題の記事を掲載した。記事は「目下、世界の平和の構築に対する最大の脅威はテロリストの訓練基地ではなく、金融市場である」と指摘している（『参考消息』一九九八年九月七日)。
(13) 王剣南著『誰と闘うのか——コール』中国広播出版社、一九九七年、pp.232、275、357。
(14) 一九九八年七月二九日付のアメリカ『クリスチャン・サイエンス・モニター』紙の記事「経済に影響を与えるニューヨークの会社」は、ムーディーズ社の格付け報告がいかにイタリア、韓国、日本、マレーシアの経済の趨勢に影響を及ぼし、さらには左右しているかを暴露している。
『参考消息』一九九八年八月二〇日を参照。
(15) ソロスはその新著『グローバル資本主義の危機』の中で、心の苦しみを大いにぶちまけ、一九九八年の自らの悲惨で見るに堪えない投資記録をもとに今回の金融危機の教訓を分析している。
(16) アメリカの一部の安全保障専門家は、テロ組織による化学兵器での襲撃を防ぐため、解毒剤をたくさん貯蔵するよう政府に提案している。

第三章　教典に背く教典

湾岸戦争の特殊な性質が……〝軍事革命〟を引き起こしたのかどうか。これは終始、観点の問題である。

――アントニオ・H・コドスマン、アボラーハン・R・ワーグナー

戦史上のいかなる戦争と比べても、湾岸戦争は大規模な戦争だったと言える。六空母機動部隊の三〇〇隻以上の軍艦、四〇〇〇機の航空機、一万二〇〇〇両の戦車、一万二〇〇〇両の装甲車、三〇余りの国の二〇〇万人近い軍隊がこの戦争に参加した。四二日間の戦争のうち、三八日は空爆で、地上戦はわずか一〇〇時間しかなかった。アメリカを中心とする多国籍部隊はイラクの四二個師団を殲滅《せんめつ》、イラク軍三万人を殺傷し、八万人を捕虜にするとともに、戦車三八四七両、装甲車一四五〇両、大砲二九一七門を破壊した。一方のアメリカ軍は死者数がわずか一四八人だったが、戦費は六一〇億ドルという巨額に上った(1)。

勝利があまりに容易だったせいか、喜びの興奮に浸っているアンクルサムたちは、いまだにこの戦争の意義を的確に評価する人が非常に少ない。頭の熱くなった一部の者はここから、アメリカの無敵神話という作りごとを流し始めた。まだ頭の冷静な一部の者——大多数は「砂漠の嵐」に参加できなかった将軍や軍事評論家たちだが——は、複雑かつ微妙な心理をもって、「砂漠の嵐」は典型的な戦争ではなかったと考えている。(2) その意味は、このような理想的な条件下で行った戦争は教訓とするには不十分だというのである。こうした話は、葡萄《ぶどう》にありつけなかった狐の話を連想させる。

確かに伝統的な目で見ると、「砂漠の嵐」は典型的な意味を持つ教典戦争ではない。しかし、人類史上、これまでで最大の軍事革命がまさに到来しつつある時期に起きた戦争であるからこそ、伝統的な基準、さらに言えば時代遅れの基準で推し量ることができない。新しい戦争が新たな教典を必要としているとき、アメリカ軍を中心とする多国籍連合軍は湾岸でタイミングよく教典を作り出した。

古い習慣を踏襲する者は、「砂漠の嵐」が未来の戦争に持つ意義を見分けられない。というのは、未来の戦争の教典は伝統的様式に背いて初めて作られるからだ。われわれはアメリカ人の神話作りを手伝うつもりはない。だが、「砂漠の嵐」が参戦国の多さ、規模の大きさ、時間の短さ、死傷者の少なさ、戦果の輝かしさをもって、天下を驚かせる形で展開し終了したとき、技術総合・グローバル化時代の戦争到来を予告した教典的戦争——それはアメリカの技術とアメリカ式の戦法によって作られた教典ではあるけれども——が、神秘的でいわくありげな戦争史に最初の大きな門戸を開放したのではないか。

われわれが過去に発生した戦争によって、技術総合・グローバル化時代の戦争とは何かを論じるとき、できあいの模範例を提供できるのは「砂漠の嵐」しかない。目下、いかなる意味においても、「砂漠の嵐」こそが唯一の教典という性格を持ち、したがって、われわれが綿密に解析するに値するリンゴでもあるのだ。

●「露の如き」同盟

サダム・フセインから見れば、クウェート併合の方が、イラン革命がアメリカ人を人質にしたことに比べ、アラブ大ファミリーの家庭内いざこざに思えたのだろう。わざわざ事前にアメリカに通報したのだ。ところが、フセインは二つの事件の違い——イランのアメリカ人人質拘留事件は確かにアメリカの面子《メンツ》を潰《つぶ》したが、イラクのやったことは西側世界の首根っこを押さえた——を見落としたようだ。

もちろん命と血脈は面子より大事だ。アメリカは本気にならざるを得なかったし、イラクの脅威を感じた他の諸国も真剣にならざるを得なかった。大半のアラブ諸国がアメリカと手を組んだのも、サダム・フセインが強大になった後、自分たちの利益に災いが及ぶのを免れようと、このイスラムの異端児を消し去るためで、クウェートのために正義を守るというのは本音と言いがたいものだった(3)。

利益に対する共通の懸念があったがために、アメリカ人はイラクを捕捉《ほそく》する同盟ネットワークをアッという間に編み上げた。西側の大国は現代国際政治の技巧を早くから熟知しており、反イラク同盟は国連の旗印の下に結集された。正義の光輪はアラブ人の宗教的結びつきを解体し、現代のサラディンを演じてキリスト教への「聖戦」を発動しようとしたサダム・フセインのもくろみは空しくも崩れ去った。

多くの国はこの同盟ネットワークの責任ある結節点になることを自ら望んだ。日本とドイツは本心から望んだのではないにせよ、気前よく財布の紐《ひも》をゆるめた。カネを出すより重要だったのは、彼らがこのチャンスを逃すまいとして自国の軍事要員を派遣し、再び世界の大国になるための象徴的な一歩をひそかに踏み出したことである。

エジプトはリビアとヨルダンに対し、戦争では高みの見物をし、再びイラクを支持しないよう説得し、サダム・フセインを徹底的に孤立させた。ゴルバチョフも国内での自らの弱い立場に対するアメリカの支持を取り付けるため、最終的には、かつての盟友に対する多国籍軍の軍事攻撃を黙認した。

たとえ強大なアメリカでも、同様に同盟国の支援に頼らなければならなかった。この支援は主に行動に合法性を与え後方支援を提供することであり、兵力の増強ではなかった。ブッシュ大統領の政策がアメリカ国民の広範な賛同を得たのも、国際的な同盟の樹立に由来するところが大きい。これによって、アメリカの大衆は今度は他人のために火中の栗を拾うのではないし、戦争のためにカネを出し血を流すのはアメリカ人だけではない、と信じた。

第七軍をドイツからサウジアラビアまで運ぶため、NATO四カ国の列車四六五両、艀《はしけ》三一二隻と一一九の船隊を動員した。これと同時に、日本もアメリカ軍の装備に急遽《きゅうきょ》必要とされた電子部品を提供した。このことは、アメリカが同盟国にますます依存していることを証明した。新しい時代では、「ひとりプレー」は賢いやり方ではないし、現実的な選択でもない(1)。このようにして同盟は共通の必要となった。

国連安保理の、イラク軍撤退を要求する六六〇号決議から、国連加盟国にあらゆる手段を講じる権限を与える六七八号決議まで、臨時に寄せ集められた同盟は国際社会から広く承認される形となった。一一〇カ国がイラクに対する禁輸に加わり、三〇余りの国が武力攻撃に参加し、その中にはなんとアラブ諸国も多く含まれていた。明らかに、どの国も今回の行動の前に自国の利益の所在を十分に計算していたのである。

国連の全面的な介入によっても、急場しのぎで、露がいっぱいにかかったクモの巣のように脆弱《ぜいじゃく》な同盟では、戦争の衝撃に十分耐えられなかった。同盟は政治家にとっては、利益を細かく比較考量した後の高官会談や調印か、せいぜいがホットライン電話で口頭の承諾をする程度にすぎない。しかし、同盟戦争を遂行する多国籍軍にしてみれば、いかなる細かいことも見落とすことができない。アメリカ兵がイスラムの戒律に抵触する事態を避けるため、アメリカ軍は駐在国の風習を厳格に遵守するための規律を定めたほか、「キュナード・プリンセス号」というヨットを借りて海上に停泊させ、アメリカ兵のために西洋式の娯楽を提供した。

イスラエルが「スカッド」ミサイル攻撃に対し報復行動を取って、反イラク陣営を攪乱《かくらん》するのを防ぐため、アメリカはイスラエルに防空システムを提供し、小心翼々としてこの同盟ネットワークを見守った。さらに意義深いのは、「露の如き」同盟の出現が一つの時代、すなわち一八七九年に結ばれたドイツ・オーストリア軍事同盟から始まった固定的な同盟の時代を終結させたということである。

冷戦後、イデオロギーを同盟の基盤とする時代が終わり、利益のために同盟を結ぶやり方が主役になった。国家利益がすべてに優先する現実主義の旗印の下では、いかなる同盟も赤裸々な利益の追求を最終目標とし、ときには道義の旗さえも掲げるのを面倒くさがるようになる。同盟現象が将来、引き続き存在することはいささかの疑いの余地もないが、それは締まりのない、暫定的な利益集合体にすぎない。言い換えれば、利益にかかわらない道義だけの同盟というものは、もはやありえないということだ。

時期が異なれば利益目標も異なり、同盟を結ぶか否かはこれに基づいて決める。ますます現実的になり、ますます道義の束縛を受けなくなる。これが現代の同盟の特徴である。すべてのパワーは利益のネットで結ばれ、ほんの短時間かもしれないが、非常に効果のあるものになる。現代の国家および多国にまたがる組織、さらに地域パワー間の利益関係は今後、ますます揺れ動き、不安定になるだろう。ロック歌手、崔健が歌っているように「私がわからないのではなく、この世界の変化が速すぎるのだ」。現代世界の千変万化のパワーの組み合わせ方式は、千変万化の技術総合・グローバル時代との間で、決して偶然ではないある種の暗号を作り上げた。湾岸戦争のために結ばれた「露の如き」同盟は、新しい同盟時代の幕を正式に開けた。

●タイミングがよかった「改組法」

何ものも眼中にないアメリカ人は常にわが身をふりかえって反省する行動を取る。こうした一見矛盾した性格は、高慢なヤンキーたちが苦労するのをこの目で見たいと期待する人たちをびっくりさせ、同時にアメリカ人も、その都度少なからざる利益を得る。確かに、アメリカ人はほとんど毎回の軍事行動から教訓をくみ取り、次の行動に移る門を開くための鍵《かぎ》を見つけるのである。

軍の兵種（訳者注：陸海空の各軍や海兵隊、戦略軍、宇宙軍などを指す）間では、それぞれの一派の見解や利益の争いは昔からあり、それはどの国も変わらない。アメリカの各軍兵種が自らの利益を守り、栄誉を勝ち取るために競争することは誰もが知っており、その右に出るものがいないほどだ。

この面でことに印象深いのは、はるか六〇年前の対日作戦で、自らの軍種の役割を強調するために、マッカーサーとニミッツがそれぞれ独自の太平洋《たいへいよう》戦略を作り上げていたことだ。これに対し、深謀遠慮なルーズベルト大統領でさえも、均衡をとるのが難しかった。また同様にこの点を証明するものとして、三〇年前にベトナムを爆撃した飛行機が、信じがたいことだが、同時に四つの独立した司令部の指揮に従わなければならなかったことがある。

一五年前には、指揮系統がそれぞれ分割・独立し職権が不明確だったため、ベイルート駐留アメリカ軍は直接の被害だけでも約二〇〇名もの海兵隊員が命を失うという重大な災難を招いた。「グレナダ」行動の統合派遣部隊の副司令官であったノーマン・シュワルツコフ少将は、後に「砂漠の嵐」作戦の多国籍軍総司令官に昇進してからも、グレナダに侵攻したアメリカ軍が兵種ごとにばらばらに行動したために起きた問題を、はっきりと記憶にとどめていた。その問題とは、統合作戦のときに、いったい誰が誰の指揮に従うかということである。

皮肉なことに、アメリカ軍を数十年も悩ましたこの問題は、百戦錬磨の将軍あるいは経綸《けいりん》の才に長《た》けている専門家が克服したのではなく、ゴールドウォーターとニコルスという二人の上院議員が解決した。一九八六年、彼らが提案した「国防総省改組法」は議会で可決され(5)、統合作戦時における各軍種の統一指揮問題が立法の方式で一挙に解決した。

次の問題は戦争を待つことだった。ちょうどこのころ、サダム・フセインが愚かにもクウェート侵攻の戦争を引き起こし、「改組法」という霊験の当否を早く検証したかったアメリカ人にとっては、まるで天が与えたようなよい機会となった。この意味では、「改組法」のタイミングがよかったというより、湾岸戦争到来こそタイミングがよかったというべきだ。

パウエルとシュワルツコフは好運にも「改組法」の最初の受益者となり、同時にアメリカの戦争史上で最大の権限を持つ将軍になった。統合参謀本部議長のパウエルは初めて大統領首席軍事顧問の地位を獲得した。この結果、彼は大統領と国防長官から直接命令を受け、これに基づき陸、海、空軍に命令を発することができるようになり、各軍兵種の参謀長の間で延々と続くいがみ合いの調整役を務める必要はなくなった。

一方、戦場司令官のシュワルツコフは、耳元がすっきりして、大きな実権を手に入れた。ペンタゴンから届く、くどくどとうるさい指示の中から聞きたいことだけを聞き、自分のやりたい通りやればよくなった。まさに「将軍、外に在りて、君命に受けざる所あり」という、もったいぶった態度だった。

湾岸に結集した一〇〇万の大軍から、宇宙を飛んでいる衛星、海底に潜っているフロッグマン、あちこちを移動する輸送船に至るまで、すべてがシュワルツコフの号令に従わなければならなくなった。これによって、彼は必要なときにはいささかの猶予もなく、「国防総省改組法」が統合本部司令官に付与した各軍種を超える権限を行使することができた。例えば、海兵隊の前線指揮官がクウェートで水陸両用車の上陸を求めたとき、彼は全戦局の情勢を見て、否決権を果断に行使し、早くから成算のあった「左アッパーカット」計画の続行に専念した。

公布から五年もたたない法令が、公布後起きた戦争の中でこれほど徹底的に遂行された背後には、アメリカというこの法律社会に住む人々の契約精神を見ることができる。ここから生まれた新しい指揮モデルは、軍種という分野の区別ができて以来、最も成功した軍事指揮権の適切な運用である。その直接的な効果は、まず指揮レベルを引き下げ、委託式の指揮を真に実現したことで、これによって従来根深かった枝状の指揮体系がネット状の構造へと変化し始めた。こうした変化の副産物は、より多くの作戦単位が最初から戦場に関する情報を共有できることになった点である。

もしも「改組法」をさらに広い時代背景に置いて考察するなら、アメリカ軍の今回の改組が必ずしも偶然の合致ではないことを見て取るのは難しくない。それは新しい時代が従来の軍指揮関係に提出した当然の要求にタイムリーに順応したものである。すなわち、もともと分散していた各軍兵種の権限を新たに組み合わせ、その基礎の上に、ある臨時の目標のために結集した、すべての軍兵種の権限を凌駕《りょうが》するスーパー権限を生み出すことである。そしてこれによって、いかなる戦場の競争でも十分その任に堪えることができるのだ。「改組法」がアメリカで誕生し、それがアメリカ軍の中で生んだ効果は深く考えさせられるものがある。二一世紀の戦争に勝ちたいと思う国は、どの国でも「改組」か、さもなくば敗北かという二者択一の選択に否応《いやおう》なく直面することになり、ほかに道はない。

●「空地一体戦」をさらに遠く超えて

もともと「空地一体戦」は、ヨーロッパ平原でいつでも潮《うしお》のように押し寄せてくるワルシャワ条約機構軍の戦車群に対処するため、アメリカ軍が考案した敵を押さえる策略であったが、困ったことにはそれをひけらかす機会が一度もなかった。湾岸戦争は創造と殺戮《さつりく》の欲望をあふれるほど抱いているアメリカ軍人に、実演の舞台を十分に提供した。

ただし実際の戦況は、人々が事前に構想していたのとはかなり大きな差があった。「砂漠の嵐」は基本的には数十日続いた「空」があっても「地」のない戦役であり、最後になってやっと「砂漠の軍力」をひけらかしてみせた。見事な「左アッパーカット」も、わずか一〇〇時間振るっただけで、怒って引っ込めてしまった。地上戦は陸軍の期待していたような「最後の一

戦」にはならず、一楽章を演奏しただけで、慌ただしく最後の部分が協奏曲になったようなものである。(6)

「空中戦は決定的な戦場となる」というこのドゥエの予言は遅まきながら証明されたようだ。ただし湾岸上空で起きたすべての出来事は、空軍がすべての勝利を制するというこの論者の想像力をはるかに超えていた。クウェートでもイラクでも、すべての空中戦は単純な騎士の決闘のように制空権を奪取するのではなく、偵察、早期警戒、爆撃、空中戦闘、通信、電子攻撃、空地コントロールなど、あらゆる作戦行為を一体化した空中戦役となり、その中には宇宙空間と電子空間の占領や争奪も含まれていた。

ここに至って、「空地一体戦」の概念を打ち出したアメリカ人はドゥエが歩んだ道よりはるかに遠くへと歩を運んだ。にもかかわらずアメリカ人は数年たって初めて、いったん一体作戦の理論を実戦に移すと、その範囲は彼らが当初予想したよりもずっと広く、陸、海、空、宇宙、電波などすべてを包括した地歩にまで広がってしまうことに気づいた。湾岸戦争の果実を消化するにはまだしばらく時間がかかるだろうが、それは必ずや、アメリカ陸軍のエリートたちが後日、突然悟りを開いて「全次元作戦」理論を打ち出す原点となろう。

興味深いのは、アメリカ人の悟りがちょっと遅いと思うかもしれないが、そのことが、彼らが「全次元作戦」に通じる扉の鍵を一番早く手に入れることに必ずしも影響しないということだ。この鍵こそ有名な「空中任務指令」である。(7) 陸、海、空三軍によって共同で策定され、陸軍出身の多国籍軍総司令官シュワルツコフが多国籍軍の空軍全体に号令をかける、毎日三〇〇ページに及ぶ「空中任務指令」こそ空中戦役のカナメである。それは作戦の総攻撃計画に基づき、すべての航空機のために最も適切な打撃目標を連日選択する。毎日、数千機もの多国籍軍の航空機がアラビア半島、スペイン、イギリス、トルコから離陸し、コンピューター処理を経た「空中任務指令」に従って、軍種や国境を超えて緻密《ちみつ》にタイアップし、空中から攻撃を行う。この指揮プロセスは海軍から見ると、あまりにも「空軍化」していた——海軍は独自の算盤《そろばん》で計算し、一部の航空機をひそかに残し、結局は最後まで回ってこなかった海軍の出番を待ちかまえていた——が、それは結局、戦争史上で最大規模かつ、最も複雑な空中戦役を組織するのに成功したのである。

それだけではない。「空中任務指令」は今後のすべての作戦行動に組織的な指揮の手本を提供した。一枚の「指令」は各軍種間の戦闘力を極めて巧みに組み合わせたプランであり、多くの国家にまたがる組み合わせの複雑さとその成功は、その最も精彩を放つところでもある。この点だけでも、それは「空地一体戦」理論の設計者たちの視界を大幅に超えた。つまりアメリカ兵は知らず知らずのうちに戦争の神を、神がかつて踏み込んだことのない広く開けた土地へ連れ込んだのだ。

●地上戦の王者は誰だ

山本五十六《やまもといそろく》はまぎれもなくあの時代、最も創造力に富んだ軍事〝異才〟だった。空母を使って真珠湾《しんじゅ》を奇襲し、しかも大勝利を収めたことによって、彼は海軍戦史に軍神としての一筆を残した。ところが、不可解なのは、その山本が自らの独創的な戦法の画期的な意義を理解していなかったということだ。連合艦隊を指揮しアメリカ海軍に重大な損失を与えた後、彼は戦列艦のみが海上決戦の主力だという信念を変えず、すでに握っていた勝利の門を開く鍵を太平洋の波間に捨ててしまった。

もし初めて過ちを犯す者に対しては惜しいと言うならば、同じ過ちを二度犯す者は全く愚かと言うしかなく、とくに、考えられないような過ちをすでに犯した人がそうである。残念ながら、戦争史上、このように思想が行動に比べ停滞し遅れている事例は、よく見られる。

当時の山本五十六と同じように、アメリカ陸軍は戦闘ヘリコプターを使ってイラクの機械化装甲部隊を壊滅させた。聞くところでは、地上戦においては、バスラの南方でアメリカ第七軍団によって包囲された共和国（イラク）の親衛隊「メディナ」装甲師団が追いつめられた戦いをした以外は、ほとんどそれらしい戦車戦はなかったという。湾岸の硝煙が消えた後、ヘリコプターを使って地上戦の新時代を切り開いたアメリカ人は、不可解なことに、湾岸戦争前の思考水準に逆戻りしてしまった。本来は戦争の新しいスターになるはずのヘリコプターは隅っこに追いやられ、戦車を含むほかの兵器の研究・製作費が増えたのに、ヘリコプターへの支出割り当てだけは削減されたのである。昔を懐かしがり、旧態依然の形で、戦車を未来の地上戦の勝敗を決する兵器としたのである。(8)

実は、早くもベトナム戦争のとき、ヘリコプターがアメリカ軍の手中にあってその鋭い刃《やいば》の一端を見せていた。その後、旧ソ連人がアフガニスタンの山岳地帯で、イギリス人がフォークランド諸島で、それぞれヘリコプターの異彩を大いに発揮させた。もっともその相手が主にゲリラや非装甲歩兵だったので、ヘリコプターが戦車の王座に挑戦するのが二〇年も遅くなった。

湾岸戦争はついにヘリコプターに、その腕前を大いに発揮するチャンスを与えた。今回は多国籍軍のヘリ部隊は勘定に入れずに、アメリカ軍だけでも一六〇〇機の各種ヘリコプターを湾岸地域に配置した。これほど巨大なヘリコプター群があれば一個のヘリコプター集団軍を十分編成できるのだが、創造的精神を一貫して標榜《ひょうぼう》してきたアメリカ人は、今度は全く創意がなく、フランス人が第二次世界大戦時に戦車を歩兵に分散配属したのと同じように、ヘリコプターを機械化装甲部隊や他の部隊の付属としてしまった。幸いにして、この戦争（湾岸戦争）で有名になることが運命づけられていたヘリコプターは、付属扱いされても、王者の気概を失うことはなかった。

アメリカがCNNを通じて、「パトリオット」やF117、「トマホーク」ミサイルなどを戦場のスターとして持ち上げたとき、ヘリコプター（「アパッチ」だけは大体満足できる寵愛《ちようあい》を受けていたのだが）は不公平なほどに冷たい扱いを受けた。国防総省が戦後まとめた『議会への最終報告』を別にすれば、「砂漠の嵐」の最大の功労者が新しい寵愛を受けた兵器ではなく、ヘリコプターだったことを記憶している人はごくわずかしかいない。

一カ月余りも続いた空爆の開始二〇分前、数時間の低空飛行の後、MH53JとAH64ヘリコプターは「ヘルファイアー」ミサイルを使って、まずイラクの早期警戒レーダーを破壊して、爆撃機群のために安全な空中航路を開き、抜群の突破能力を見せつけた。戦場で最も機動性のすぐれた飛行プラットホームとして、ヘリコプターは大量の輸送・補給や負傷者の後方送還、捜索と救出、戦場の偵察、電子対抗などの任務をも遂行した。カフジの戦闘ではイラク軍の攻勢を迅速に抑え、最後にイラク軍を撃退したのも主にヘリコプターだった。

湾岸戦争で人々に深い印象を植え付け、ヘリコプターの持つ奥深い潜在能力を見せつけたのは、「コブラ作戦」であった。第一〇一師団は三〇〇機余りのヘリコプターを使って、戦争史上、最も遠距離の「蛙跳び」を行い、イラク国内に一〇〇キロ余りも入ったところに「コブラ」の前方作戦基地を作った。その後、この基地を拠《よ》り所に、ユーフラテス川に沿って撤退するイラク軍の唯一の退路を断ち切るとともに、ハマール堤防沿いに逃走するイラク部隊を迎撃した。

　これは間違いなく、この戦争の地上戦における最も意味深長な戦術行動である。それは、ヘリコプターが今後自立した一派（部隊）として大規模な単独作戦を遂行できることを宣言した。群れをなし隊を組んだイラク兵が、ヘリコプターによって破壊された塹壕《ざんごう》の中から飛び出して降伏を申し入れたり、またヘリコプターのパイロットによって、西部の原野で追い立てられる牛のようにひとかたまりに囲まれたりしたとき、「最後の戦闘の決着は歩兵に頼るしかない」という観点は、これらアメリカの「空飛ぶカウボーイ」たちによってすでに根本的に揺るがされたのである。

　本来、ヘリコプターのこうした「蛙跳び」行動の最初の意図は、敵を重点的に攻撃する装甲部隊をサポートすることだけだったが、ヘリ部隊の予期せぬ成功によって、作戦計画は戦況の進展よりもはるかに遅れてしまった。このため、シュワルツコフはやむなく第七軍団に命令を出し、攻撃を予定より一五時間もくり上げざるを得なかった。

　フランクス将軍指揮下のアメリカ第七軍団が砂漠で前進したスピードは、かつて戦車を使った電撃戦によって名を馳《は》せたグデーリアンよりもはるかに速かった。だがグデーリアンのように「電撃戦」の栄冠を勝ち取るどころか、「老婆のようにのろのろしている」と叱咤《しった》された。

戦後フランクス将軍は、イラク軍がまだ戦闘力を持っていたことを理由に、リヤドに設置されていた多国籍軍本部からの批判に反論した(9)。

しかし実際には、批判する者も反論する者も問題の実質をきちんと把握していなかった。フランクス将軍指揮下の戦車の機動性が指摘を受けたのは、まさにヘリコプターの迅速性を参照した結果である。今日《こんにち》まで、戦車がヘリコプターの作戦のリズムについていけたことを証明する戦闘例は一つもない。

その実、機動性だけではない。かつての「地上戦の王者」だった戦車は各方面でヘリコプターからの挑戦を受けている。常に地面との摩擦係数を克服しなければならない戦車と比べて、ヘリコプターの作戦空間は高く広く、いかなる地面の障害の影響も受けず、すぐれた機動性は装甲の薄さという欠陥を十分カバーしている。

同様に、動く兵器プラットホームとして、ヘリコプターの火力は戦車に比べ全く遜色《そんしょく》がない。これは、戦車が「ウォータータンク」というあだ名を持って戦争の舞台に登場して以来遭遇した、最も大きな挑戦である。さらに戦車にとって耐えがたいことは、一定規模の戦車を組織して集中突撃をするために使う必要な精力(一定数量の戦車をどうやって遠い集結地に運ぶかということだけでも頭を痛める)や、冒すリスク(戦車が集結状態のとき、敵の先制攻撃を極めて受けやすい)を伴うことだ。分散配置や集中突撃に長け、正規戦も戦えるし分散してゲリラ戦も展開できるヘリコプターの前では、戦車の優位性と言えるものは何もない。

事実上、戦車とヘリコプターは天敵のようなもので、前者はもはや後者の最後の好敵手などではない。ＡＨ64ヘリのような「戦車キラー」は言うまでもなく、古いＡＨ１「コブラ」ヘリさえ、湾岸戦争で一〇〇台以上の戦車を破壊しながら、自らは全く無傷だった。ヘリコプターの強力な攻撃力に直面したとき、それでも「戦車に対応する最もよい兵器は戦車である」と見なすことを、いったい誰が堅持できようか。⑩

今や、ヘリコプターが戦車時代の終焉《しゅうえん》を告げたということができる。湾岸の波濤《はとう》の上に再び昇ったこの新星は、まさに「砂漠の嵐」で勝ち取った赫々《かくかく》たる戦果をもって、自らの王位のために戴冠《たいかん》した。ヘリコプターが戦車を戦場から追い出すのは時間の問題であることは、疑問の余地がない。恐らく「空中で地上戦に勝つ」ことはもはや世間を驚かせるスローガンではなくなり、ますます多くの陸軍指揮官たちは、この点で共通の認識を持つようになろう。ヘリコプターを主戦兵器とする「飛行陸軍」や「飛行地上戦」というような新しい概念が、標準的な軍事用語になり、どの軍事事典にもこれが載るようになるだろう。

●勝利の背後に隠されたもう一本の手

三軍総司令官であるブッシュ大統領が攻撃の時間を確実に事前に知っていた点を取り除けば、全世界はＣＮＮのテレビ報道を通して、アメリカ大統領と同様に、同一の時間に開戦時の驚き動転する一幕を見た。情報共有の時代では、大統領も平民と比べ、この面でさらに多くの特権を持っているわけではない。これこそ、現代の戦争がかつてのどの戦争とも異なる点である。リアルタイムあるいはリアルタイムに近い報道によって、戦争は、一般人もメディアを通して自分の目で直接見ることのできる新番組となった。そのため、メディアも単に戦場からの情報を提供するだけでなく、戦争の直接の構成部分になってしまった。

サッカーのワールドカップ生中継とは違い、人々が見る映像はすべて、テレビリポーターの主観的な視点という制限を受けており（前線に派遣された一三〇〇人の新聞記者はみな、アメリカ国防総省が公布したばかりの「湾岸戦争のニュース報道に関する修正規定」を知っており、何を報道してよいか、何を報道してはならないかなど、誰もがけじめをわきまえている）、さらに、ダーランとリヤドに設置された共同プレスセンターの機密保持審査を受けなければならなかった。

恐らくアメリカの軍当局、メディアとも、双方の関係がぎくしゃくしたベトナム戦争時の教訓を受け入れたのだろう。今回はメディア機関と軍当局は仲良く共存し合った。一つの数字がこの問題を説明できるかもしれない。全戦争期間中に出稿された一三〇〇件余りのニュース原稿のうち、審査のためにワシントンに届けられたのはわずか五件しかなく、うち四件が数時間内にパスし、残りの一件はメディアが自ら撤回した。

戦地の指揮官は記者たちの大いなる協力の下で、全世界の視聴者を引き寄せることに成功し、軍人が人々に見せたいものをすべて見せ、知られたくないものは誰にも見せなかった。アメリカの新聞界はかねてから標榜していた中立の立場を一致して放棄し、満腔《まんこう》の情熱を持って反イラク陣営に加わり、軍当局とタイアップしてなれ合い芝居の役者のように、暗黙の了解の上に同じ戦争シナリオを演繹《えんえき》し、メディアの力と多国籍軍の力はイラク進攻の統合軍を形成した。(11)

イラクがクウェートに侵攻してから間もなく、大量のアメリカ軍が次々にサウジアラビアに集結しつつあるとの報道が素早く報じられ、イラク軍はクウェート・サウジ国境付近で尻込《しりご》みし、「敵の進行《ハ》を妨害する《ブリング》」行動の気勢も上がらなかった。

「砂漠の嵐」開戦の前日、またもや西側のメディアは、アメリカの空母機動部隊がスエズ運河を通過したという情報を大きく伝え、サダム・フセインを惑わす作用を果たした。この結果、サダム・フセインは大きな災難が間近に迫っているときに、アメリカ軍がまだ作戦配置を完了させていないと思い込んでしまった。

同様に、もしメディアの宣伝を借りなかったら、湾岸戦争で使われたいわゆるハイテク兵器の威力は、人々が考えているほど大きくはなかっただろう。全戦争期間中に行われた九八回にも及ぶ記者会見で人々は、精密誘導爆弾が通風孔に沿って建物の中に入り爆発した画面や、「パトリオット」が「スカッド」を撃墜したシーンなど多くの印象深いシーンを見せられた。これらのすべては、イラク人を含む全世界の人々の視覚に強烈なショックを与え、アメリカ製兵器の奇抜な威力に関する神話はこれによって確立した。「イラクは必ず敗北し、アメリカは必ず勝利する」という信念もここから生まれた。

明らかにメディアはアメリカ人を大いに助けた。アメリカ軍と西側メディアとが意識的にせよ無意識的にせよ、手を取り合ってロープを用意し、サダム・フセインのイラクを絞首刑台に上らせたと言ってもよいだろう。戦後修正された『作戦要綱』の中で、アメリカ人は「メディア報道の力は戦略方向および軍事行動の範囲に、劇的な影響を及ぼすことができる」と念を入れて強調している。最近制定されたFM100－6号野戦規定『情報作戦』の中では、湾岸戦争中のニュース戦が模範とされている。こうしてみると、これからのあらゆる戦争は、軍事上の打撃という基本的な手段のほかに、メディアの力がますます戦争（遂行）のもう一本の手となり、戦争の推進過程において軍事上の打撃と等量の作用を果たすようになるだろう。

あまりにも主観的色彩を帯びているため、相手や中立側に拒否されやすい戦場の宣伝と違い、メディアは客観報道という上着を巧妙にまとっているゆえに、計り知れない影響力を隠し持っている。湾岸では、アメリカ軍をはじめとする多国籍軍が軍事上でイラクの発言権を封じたのと同じように、強大な西側メディアはイラクの政治上の発言権、弁護権、ひいては同情を受ける権利、支持を受ける権利まで奪ってしまった。イラク側がブッシュを許せない「大サタン（悪魔）」だと宣伝する弱々しい声に比べ、サダム・フセインを侵略者や戦争狂だとするイメージ宣伝の方が一枚上手だった。一辺倒のメディアの力と一辺倒の軍事力によって、イラクは戦場と道義の両面で二重の猛パンチを食らい、サダム・フセインの敗北は決定的になった。

もっともメディアの作用はいつも両刃《もろは》の剣である。このことは、それが敵に向かうと同時に、鋭い刃が味方に向かうこともあることを意味している。戦争後、明らかにされた情報によると、地上戦が一〇〇時間後に突然中止されたのは、実は、戦地の新聞報道官がテレビで発表した戦争の進展に関する軽率な見方に影響されたブッシュ大統領が同様の軽率な決定を下したためで、「戦略の決定から作戦終結までの時間を劇的に短縮した」[12]。その結果、余命いくばくもなかったはずのサダム・フセインが九死に一生を得、後日政権の座についたクリントン政権に、最終的にまだ爆発しない「砂漠の地雷」を残すことになってしまった。

メディアが戦争に与える影響はますます普遍的、かつ直接的になり、超大国の大統領でさえ、停戦のような重大政策の決定でさえ、テレビニュースに対する（国民の）反応に大いに依存するようになった。ここからも、今日の社会生活に占めるメディアの重要さをうかがうことができる。無冠の帝王がすでに、いかなる戦争にも勝つ重要な力となっていると言っても誇張ではない。「砂漠の嵐」が湾岸を吹き荒らした後、単に軍事力に頼るだけで、メディアの力の介入がなければ、勝てる戦争などもはやありえないだろう。

●多くの断面を持つリンゴ

古い時代を終結させ、新しい時代を切り開いた最初の技術総合の特徴を持つ戦争として、「砂漠の嵐」は各国の軍人にあらゆる方面で啓発を与えた教典の戦いでもあった。軍事問題を喜んで探究する人なら誰でも、この戦争のどこに目を注いでも、必ずそこから利益または教訓を得ることができる。こうした経験と教訓の面で多義性を持つ戦争は、さまざまな断面を持つリンゴにたとえられるだろう。このリンゴの断面はこれまで述べてきたような側面にとどまらず、鋭い思考のナイフさえあれば、いつでも思いがけない断面があなたの眼前に現れるだろう。

ブッシュ大統領が、クウェートのために果たすべきアメリカと全世界の道義上の責任について激越な口調で演説したとき、アメリカ議会がこの戦争の軍費支出について典型的なA－A制「責任分担」計画を打ち出すとは、経済学者を自負するどんな人も予見できなかった。この計画は国際戦争の費用を分担するという新しい方式を作り出した——戦いは一緒に、支払いは割り勘で、というわけだ。あなたがたとえ商売人でなくても、このようなウォール街式のずる賢さには敬服せざるを得ないだろう(13)。

心理戦は必ずしも新しい戦法ではないが、「砂漠の嵐」の心理戦の新しさはその創造性にある。威力の大きい爆弾を投下した後、飛行機を飛ばしてビラを撒き、数キロ離れたところでこの爆発に驚き、震え上がったイラク軍の兵士たちに、次の爆弾は君たちの頭上に落ちてくるぞ、と警告したのだ。これだけでイラク軍一個師団を瓦解《がかい》させるのに十分だった。捕虜になったあるイラク軍の師団長は、心理戦がイラク軍兵士の士気に与えた打撃が多国籍軍の空爆に次いで大きかったことを認めた。[14]

戦争が始まったとき、A10型機は時代遅れの対地攻撃機だとアメリカ人も思っていた。ところが、「アパッチ」戦闘ヘリと、いわゆる「致命的な連合」と称せられるコンビを組んだ結果、A10はイラク軍の戦車を大量に破壊。これによってA10は淘汰《とうた》される運命を免れ、さらには湾岸の上空に輝く多くの星の一つになった。先端でない兵器が他の兵器との組み合わせによって、このような驚くべき戦果を挙げたことは、兵器の設計と使用に言い尽くしがたい啓示を与えるはずだ。

開戦直前、アメリカ空軍の参謀長のポストに慌ただしく就任したマックピーク将軍にとって、彼がこの「リンゴ」に残した嚙《か》み跡とは、戦争で戦略空軍と戦術空軍の境界線を打ち破り、空軍の統合部隊編成の夢を実現するとともに、戦後、「七削減四増加」の方法をもってアメリカ空軍の指揮体制に、空軍史上最も創造性に富んだ改革を断行したことである。すなわち戦略、戦術、空輸、後方勤務、システム、通信、機密保持という七つの空軍司令部を撤廃し、作戦、機動、装備、情報という四つの空軍司令部を設立したのである。[15]もし湾岸戦争がなかったら、マックピーク将軍の同僚たちがかくも大胆な変革を受け入れたとは、とても想像しがたい。[16]そしてわれわれのような湾岸戦争の局外者も、この中からある種の啓示と参考を得ることはできなかっただろう。

もしもこのようにいちいち事例を挙げていくなら、われわれはこのリンゴの多くの断面を見て取ることができる。しかし、そのすべてが素晴らしいとは限らない。正直に言うと、その欠点や疑わしいところはその長所と同じくらい多いのだ。それがどうであれ、それが生み出したものに対し、いささかも軽視するつもりはない。

この内容豊富な戦争がまだ、現代戦争の百科全書とは見なされていない。また少なくともわれわれのために、未来の戦争に関するすべての出来上がった答案を用意してくれたわけでもない。しかし、それは大量のハイテク兵器出現後、最初にハイテク兵器を集中的に使い、軍事革命を引き起こした実験場であった。この点だけでも戦争史上の教典の地位を獲得するのに十分であり、われわれの思考の芽に、全く新しい温床を提供してくれたのである。

注

（1）『湾岸戦争――アメリカ国防総省が議会に提出した最終報告書』、『新時代の防衛：湾岸戦争の経験と教訓』など報告書参照。

（2）アメリカ戦略・国際問題研究センターの研究報告『湾岸戦争の軍事経験と教訓』第一章「独特の戦争」は、こう記している。「湾岸戦争の特殊性は実は、経験と教訓をくみ取るわれわれの能力を大きく制約した。……事実上、湾岸戦争からいったいどれだけ重要で長期的な経験と教訓をくみ取れるか、大きな問題である」（『湾岸戦争』［下］、軍事科学出版社、一九九二年内部刊行、p.155）

湾岸戦争後、大きな衝撃を受けた中国の軍人は、最初は西側軍関係者の見方をほとんどそのまま受け入れたが、今日では多くの人が湾岸戦争の経験と教訓を再考し始めている（『現代軍事』一九九八年一一月、第二六二号）。

（3）アラビア世界の反サダム・フセイン同盟は、サウジアラビア、エジプト、シリアを中心としている。「砂漠の嵐」で連合軍の司令官を務めたハリド将軍は、イラクはわれわれに大きな脅威を与えたため、「われわれとしては友軍、とくにアメリカの軍に助けを頼む以外に選択肢はなかった」と述べている（『砂漠の勇士』軍事科学出版社、p.227）。

アメリカ人も非常に同盟を重視していた。詳細は『湾岸戦争――アメリカ国防総省が議会に提出した最終報告書』の第九部「同盟の構築、協調および作戦」。

（4）アメリカ戦略・国際問題研究センターの研究報告『湾岸戦争の軍事経験と教訓』第二章「ア

メリカの軍事の依存性」は、次のように指摘している。「この戦争は、アメリカ軍が政治上も兵《へい》站《たん》補給も、友好国と同盟国に依存せざるを得なかったことを、まぎれもなく証明している。他の国の強力な支援がなければ、アメリカはいかなる重大な緊急行動も実施できない。小さな行動を除いて、『単独行動』の選択は絶対にうまくいかない。すべての外交と防衛政策の決定はこうした認識に基づいて行わなければならない」

（5）L・アスピンとW・ディキンソンは下院を代表して行った湾岸戦争に関する研究報告の中で、「ゴールドウォーター、ニコルス国防総省改組法」を非常に高く評価し、「『ゴールドウォーター、ニコルス国防総省改組法』はアメリカ三軍が力を合わせて同じ戦争を遂行することを確実に保証するものである」と述べている。同報告はまたチェイニー国防長官の話を引用して、改組法を「『国家安全法』の誕生以来、国防総省に最も深遠な影響を与えた立法である」としている。将軍たちの評価も高い。統合参謀本部副議長を務めていたオーウェンス海軍大将は、「ゴールドウォーター、ニコルス国防総省改組法」を「アメリカの軍事領域における三大革命の一つ」と称《たた》え、次のように述べている。「この法律は、あらゆる衝突において統合された戦力を使って作戦を遂行することを規定しており、各軍種の参謀長がもはや作戦の指揮官ではないことを明確にしている。作戦の指揮官は五人の戦域総司令官である」（『国防大学学報』一九九八年第一一号、pp.46〜47。『現代軍事』一九九八年第一二号、p.24）

（6）湾岸戦争時のアメリカ空軍参謀長メリル・マックピーク大将は、これは「空中戦力を大量に使った戦争であり、アメリカと多国籍空軍部隊が勝利を収めた成功の戦いであり」、「また史上初めて、空中戦力を使って地上部隊を打ち破った戦争である」と述べている（アメリカ『空軍ジャーナル』一九九一年五月号）。彼の前任者マイケル・ドゥガンは戦争前、「多くの流血を伴う地上戦を避けるための唯一の方法は空軍を使うことである」と発言した。ドゥガンは越権発言をしたとして免職になったが、彼の見解は必ずしも間違ってはいなかった。

（7）アメリカ国防総省の報告であれ、下院のL・アスピンの報告であれ、いずれも「空中任務指令」に高い評価を与え、「空中任務指令は綿密に計画した一体化空中戦の戦局を演出した」と称えた。

（8）ロシアと西側の軍事専門家は、「今日では一つの目標となる戦車は、戦場で生存する時間は恐らく二～三分間を超えないだろう。大隊－中隊に編制された戦車は、広い地上での生存時間は三〇～五〇分間である」と予測している。専門家たちのこのような予測にもかかわらず、大多数の国は依然として戦車を主力兵器としている（ロシア『軍人』一九九六年第二号）。ラルフ・ピーターは「未来の装甲車戦」という文章の中で次のように述べている。『『飛行戦車』は長年にわたって人々が憧《あこが》れていたものであった。しかし燃料の合理性と作戦時の体力と心理状況を考えると、将来必要なのはやはり地上システムである。攻撃ヘリコプターは、われわれがかつて飛行戦車のために想定していたさまざまな特徴をすでに集めているのにかんがみ、われわれは攻撃ヘリは装甲車に対する補充であり、取って代わることはできないと考える」（『パラメーター』一九九七年秋季号）

（9）『嵐の中へ進む――指揮研究』は、退官後のフランクス将軍が書いた著作である。彼は本の中で、第七軍団が砂漠を通過したスピードは間違っておらず、リヤドからの批判は道理に合わないと述べている（アメリカ『陸軍時報』一九九七年八月一八日を参照）。

（10）『湾岸戦争――アメリカ国防総省が議会に提出した最終報告書の付録』p.522を参照。

（11）『湾岸戦争――アメリカ国防総省が議会に提出した最終報告書の付録』の第九部「ニュース報道」を参照。

（12）アメリカ陸軍のFM100－6号野戦規定『情報作戦』は、この劇的な事件を詳細に披露している（『情報作戦』pp.68～69）。「死の高速道路」についてのテレビニュース報道も、戦争が早めに終結する上で影響を及ぼした（季刊『統合部隊』一九九七―一九九八年秋／冬号）。

（13）『アメリカ国防総省が議会に提出した最終報告書の付録』の第一六部では、「責任分担」の問題を取り上げている。一般的に考えられているのとは違って、アメリカ人が同盟国に戦争費用を分担させたのは、主に経済的要因ではなく、政治的考慮に基づくものであった。レスター・サローは『大接戦』の中で次のように述べている。六一〇億ドルの戦費は「アメリカの年間六兆ドルの国民総生産（GNP）に比べると、その支出は取るに足りないものである。戦闘要員を送らなかったあれらの国に財政支援をさせたのは、アメリカ国民に対し、この戦争はアメリカ一国のものではなく、連合行動であることを信じさせるためであった」。

（14）ジェーク・サム少佐は『特殊作戦』誌に論文を発表し、アメリカ軍第四心理戦大隊が湾岸戦争で実施した心理戦の状況を紹介している（『特殊作戦』一九九二年一〇月号を参照）。アメリカ軍の『東欧・中央アジア軍事雑誌』一九九一年一二月号にも、湾岸戦争の心理戦を紹介した文章がある。

（15）マックピーク空軍参謀長は、単一機種からなる飛行大隊に代えて、多くの機種からなる「混合飛行大隊」を編成するよう主張していた。彼は次のように述べている。「もしわれわれが、今サウジアラビアでまた何かをやるとすれば、それはもはや七二機のF16で装備した飛行大隊ではなく、攻撃機、防空戦闘機、防空区域外で飛行する電波妨害機、『ワイルド・ウィーゼル』、空中給油機などからなる飛行大隊になるだろう。……これらの戦術は、世界のどこかで武力衝突が起きたときに役立つかもしれない」（アメリカ『空軍』一九九一年二月）

（16）アメリカ空軍長官ドナルド・ライスの見方によれば、「湾岸戦争は次の一条（経験）、すなわち、空中戦力は統一した全体計画として作戦行動を実施したとき、最大の貢献ができることをはっきりと述べている」。戦術空軍司令官マイケル・ロー将軍は、「『戦略』や『戦術』などの用語で飛行機の機種と任務を限定することは、空中戦力を発展させるための努力を阻害している。ここまできた以上、われわれは必ずや組織構造を改革しなければならない」と指摘している（アメリカ空軍規定ＡＦＭＩ－１『アメリカ空軍の航空・宇宙基本理論』p.３２９、注８を参照）。計画と作戦を担当した副参謀長ジェニー・Ｖ・アダムスは、湾岸戦争からくみ取った教訓は「われわれの作戦規定をチェックするのではなく、改訂するということだ」と認めている。アメリカ空軍の兵站補給と工事を担当する副参謀長ヘンリー・ウィチリオ中将も、改革を通して保障面の弱点を減らすことに賛成している。『ジェーン・ディフェンス・ウィークリー』一九九一年三月九日を参照。

第四章　アメリカ人は象のどこを触ったのか

空中作戦はイラクとの戦争に勝利した決定的な要素であった……ハイテク兵器の有効な使用は、空中部隊と地上部隊が戦争で出色のはたらきをした原因でもあり、また多国籍軍が死傷者を最低限に抑えることができた肝心な要因であった。

――L・アスピン

湾岸戦争は、アメリカ軍がここ数十年にわたる戦争という狩猟の中で捕らえた最も大きな獲物であった。戦争が終わるとすぐに、アメリカの軍当局、上下両院議員、さまざまな民間機関が、異なる角度からこの獲物に対して詳細な解剖を始めた。彼らの提出したレポートや、アメリカ軍がそれに沿って行った一つひとつの調整を見れば、この大解剖が大きな成果をもたらしたことがうかがえる。

これらの成果は全世界の軍隊と軍人にとっても、貴重なもので、等閑視するわけにはいかない。しかし、うぬぼれ屋のアメリカ人の国民性やその民族的な天性、とくに各軍兵種の間に昔から存在しているそれぞれの一派の見解なるものによって、彼らの研究は理論上の盲点や思考上の過ちを避けることができず、この偉大な戦争に対する観察は、それぞれが自分が正しいと主張し、水かけ論に終わっている。だが、このことによって、その価値を否定する口実にすべきでない。アメリカ人はいったいこの巨大な獲物のどこを触ったのだろうか。まずそれを見てから言うことにしよう。

●軍種の垣根の下で伸びた手

南北戦争のときからアメリカの陸軍と海軍の間に根を張った垣根は、空軍が誕生してからも撤去されるどころか、陸、海、空三軍の間に横たわる垣根となり、上は大統領から下はペンタゴンまで頭を痛める歴史的な頑固病となっている。湾岸戦争で効果を発揮した「改組法」でさえも、こうした無形の障害物に対する根本的な治療の妙法ではなく、応急措置をする場当たりの対策だったと言った方がよい。戦争の硝煙が消え、各軍に所属する部隊が帰国すると、彼らはまたも門を閉じて、各自が自分の信じるところを好き勝手にしゃべりまくった。

とはいえ、三軍を統率する将軍たちは決して頑固で凡庸な輩《やから》ではない。湾岸戦争の意外な進展と結果は、世界を驚かせると同時に、「砂漠の嵐」の策略決定者たちにも深い衝撃を与えた。

その後起きた旧ソ連の解体によって生じた茫然《ぼうぜん》自失と、アメリカを中心とする国際新秩序を新たに樹立しようという使命感によって、将軍たちは、各軍種の先入観を放棄する意思はなかったものの、軍改革の切迫性をはっきりと認識した。九〇年代から続々と打ち出された各軍兵種の作戦規定を見れば、アメリカ軍の改革はすでに全面的に始まったことがわかる。その出発点は一つの例外もなく、湾岸戦争がもたらした多くの鮮やかな経験と教訓に立脚している。

「千人の目には千人のハムレット」といわれるように、アメリカ三軍の眼前でまざまざとくり広げられたのは三つの湾岸戦争だった。古い時代の最後の戦争であり、また新しい時代の幕開けの戦いでもあるこの戦争に対し、陸、海、空三軍はそれぞれ自分の意見を出して譲らず、自らの軍種に最も有利な証拠をやっきになって見つけ出そうとした。しかし彼らは、軍種の垣根の背後から手を伸ばしても、湾岸戦争のような巨大な象の体をとても全部触れないことを知らなかった。

サリバン将軍が触ったのは、もしかしたら弾力性を欠いた象の足だったかもしれない。湾岸戦争で陸軍参謀次長を務め、戦後数カ月で陸軍参謀長に就任した彼から見ると、「砂漠の嵐」でのアメリカ陸軍は、誇れる成績が何もなかったわけではないが、決して突出したものだったとは言えない。とくに三八日間の狂気じみた爆撃によって大いに羽振りのよさを見せた空軍に比べると、わずか四日間の、あっという間の地上戦は、長く待ち望んでいた栄誉をその軍種

（陸軍）にもたらすことができなかった。

陸軍のすみずみまで熟知しているサリバンは誰よりも、この古い軍種が（湾岸戦争という）画期的な戦争で味わった困難な問題点をよく知っている。彼がバトンを受け継いだときのアメリカ陸軍は、まさに「砂漠の嵐」の威力のなごりが正午の太陽のように輝かしく、またソ連軍の衰退がはっきりしたために、誰も交戦するもののない強大な軍種になっていた。にもかかわらず、先見の明に富む彼は予言者のように憂慮を表明したのである。

サリバンの最大の懸念は、冷戦の弦が突然緩んだ後、すでに老化の兆しが表れ始めた軍隊の構造と、平和の配当金を急いで得ようとする政治家たちによって、彼の陸軍が二一世紀の門に踏み込めず、新しい一〇〇〇年の始まるときに各国陸軍の中で先頭を切る地位を確保できなくなることだった。陸軍に新たな活力を与える唯一の方法は、思い切って劇薬を投じ、陸軍を換骨奪胎式に徹底的に改造することである。そのため、彼は全く新しい「二一世紀の陸軍」構想を打ち出し、「散開した兵の坑道から工場に至る」ふしぶしでアメリカ陸軍を新たに設計し直すと力説した[1]。

幾重もの機構に瀰漫《びまん》している官僚の習性を最大限減らすため、サリバンは自分に直属する「ルイジアナ演習特派部隊」を設立した。当初の人数はわずか一一〇〇人である。湾岸戦争から得た経験と教訓をもって、彼は通常「デジタル化部隊」と称されるこの特殊部隊をつくるとともに、その成功によって「四両で千金を取り出し」〔小さな力で大きな物を動かすの意味〕、陸軍を情報化戦争の瀬戸際に引っ張り込み、他の軍種を一歩リードした。

こうして陸軍は、大胆な革新の道ではあるが、先の予測できない道に突入した。サリバンがはっきりと口にしたわけではないが、このような誘惑に満ちた改革の断行の裏には軍種（陸軍）の私心も隠されている。それは数十年ぶりに初めて削減された軍事予算のパイから、陸軍のために他の軍種より大きな分量を切り取りたいという願いだった。

サリバンの後継者ライマー将軍もこの道に通じており、前任者が描いた青写真の基礎の上に改革を引き続き進めた[2]。周知の通り、デジタル化部隊の建設には巨額の経費がかかる。これこそサリバンとライマーの計算高いところである。支出が多ければ要求する金額も大きい。『二一世紀の陸軍』から『二〇一〇年以降の陸軍』へ、さらに『明後日の陸軍』へと三段跳びするため、陸軍は人を信服させる発展目標をエサにして、議会の支持を取り付け、より多くの軍事予算を獲得した。

軍事問題に明るくない政治家たちは、将軍たちが勝利の戦いから導き出した、新しい戦争の勝利をもたらすとは限らない結論とやり方を前にして、醜態をさらけだすことを恐れ、新しい衣装をまとったかもしれない皇帝に対して、あえてとやかく言う者はいなかった。

その実、「デジタル化部隊」をどれだけ持ち上げても、この構想の正しさを証明するにはまだまだ時間がかかる。ほかのことは言わない。アメリカ陸軍の標準的なやり方に従っただけでも、新しい兵器装備は、軍当局の要求提出、工業部門の研究製造から軍の検査受領、購入まで、その周期は一〇年にも及ぶ。コンピューター自体の発展の「一八カ月の定律」と、ネットワーク技術の「六〇日の定理」というこの二つのリズムは協調できないため、「デジタル化部隊」は技術上の定型と編成の上に軍を編制するのが非常に難しい。その結果、デジタル化部隊は絶えず変化していく最新技術という鞭《むち》で打たれるこまとなり、回転の対応に疲れて、適応もできなければ何もできなくなってしまう。(3)

この点だけでも、一つの軍種の運命をある技術の普及の上に縛りつけてしまうという、大胆な構想は、未来の陸軍の発展を指導する唯一の道しるべとはなりにくいだろう。まして、未来の戦争では、これが巨額の費用を使うものの、単一の技術に頼りすぎるがゆえに異常に脆弱《ぜいじゃく》なものに変わってしまう一本の電子マジノ防御線ではないと、誰があえて断言できようか。(4)

空軍にとって、快活でずばりものを言うドゥガン将軍が解任されたことと、「砂漠の嵐」の全行動に参戦した空軍部隊が陸軍大将の指揮下に置かれるようになったことも、空軍が湾岸戦争の最大の勝利者になるのを妨げるものではなかった。(5)「全世界に到達するグローバルパワーになる」という建軍方針は、初めて戦争の試練を受けた。空軍はいかなる戦場でも単独で戦略的・戦術的打撃を遂行できる勢力として、かつてないほどの高い名声と地位を築いた。(6)

その結果、舌なめずりしながらひとりで得意になっていたマックピーク将軍とその後任者はさらに前進しようと決意した。彼らは、たった一度だけの勝利で、今後三軍の配列の中で主役を演じられると思い込んでいた。五〇年前に陸軍の体から肋骨《ろっこつ》一本を抜き出してつくられた空軍は、このときすでに平凡で学識のない存在ではなかった。というのは、彼らは湾岸で、巨象の体から突然生え出した翼に触ったからである。フォグルマン空軍参謀長とライマー陸軍参謀長は、湾岸戦争を通して「両軍種（陸・空軍）とも二一世紀の軍事作戦を深く理解するようになった」と一致して認めたものの、「双方が湾岸戦争から得た教訓を具体的に利用しようとすると、陸軍と空軍との関係はたちまち緊張したものになった」(7)。

原因は極めて簡単だ。翼がますます長くなり頑丈になった空軍と、おのれこそ天下一と自負する陸軍とは、どちらも作戦の指揮統制権を相手に譲りたくないからだ。各自の立場から見ると道理があるようだが、それを超越して見れば百害あって一利なしのこうした軍種の争いによって、統合作戦行動を研究する各軍種指導者の会議は、問題を解決できない定例のお役所仕事に変わり、湾岸戦争で得た鮮やかな経験も、軍種間同士で十分有効に共有できなかった。この点は、戦争終結後、空軍と陸軍が次々と公布した一連の作戦要綱や規定を見れば一目瞭然《りょうぜん》だ。

空軍が戦後行ったことはもちろん、他の軍種との権限争奪だけではないことを指摘しておかねばならない。「砂漠の嵐」の主体――すなわち空中攻撃戦の成功した経験に対する回答として、空軍はすべての作戦飛行大隊を、すでに有効性が証明された方式によって複合飛行大隊に再編した。続いて七削減四増加の方法で空軍全体の指揮機構を徹底的に改組した。現在彼らは、四八時間以内に地球のいかなる戦地にも到達でき、危機と衝突の全プロセスで作戦能力を保持できる空軍遠征部隊の試験的な建設に着手しつつある。

かねてから電子戦ないし情報戦に大いなる熱意を見せていた空軍は、（陸軍の）サリバンがデジタル化部隊を樹立する前に、率先して空軍情報戦センターを作った。これらの措置は、明らかに湾岸戦争での収穫と直接関係している。

惜しいことに、こうした有益な試みは各軍種の境界を超えられず、その結果、以前から騒がれている「軍種間の統合作戦行動」は結局スローガンでしかなかった。ただ、これによって、アメリカ空軍の将軍たちが、陸軍の同僚に倣って、軍種内の積極的な改革と軍種外の積極的な争いを、自らの軍種の利益を推進する両輪とすることを妨げるものではない。沈滞しきって、なんら新鮮なアイデアのない軍種は、軍事費の支出を握る議員のポケットから一セントたりとも探り出すことはできない。その面で、空軍は自分なりの算盤《そろばん》を持っている[8]。

軍兵種間でますます激しくなる予算争奪戦の中で、宇宙兵器システムは空軍の手中にある有力な切り札になっている。レーガン大統領が打ち出した「スターウォーズ」計画は開始早々からはったりが強く、その後、大統領の権力が二代交代した後も真の作戦能力を形成できないでいるが、宇宙の攻撃能力を樹立することに対するアメリカ人の情熱は一向冷めていない(9)。

こうした情熱を拠《よ》り所に歴代の空軍参謀長は、自分の軍種のために可能な限り多くの軍事費を引き出そうとしてきた。もっともアメリカの宇宙戦力が、宇宙軍司令官のエスティス将軍の言うように、「宇宙部隊は湾岸戦争において、独自に戦争を遂行する潜在能力を備えていることを証明した」かどうかは、恐らく神のみぞ知ることだろう。

もし湾岸戦争を巨象に見立てるなら、アメリカ海軍の胸ビレはほとんど巨象の皮をもかすっておらず、象に触る話なども全くの絵空事に終わった。そのため、お高くとまっていたものの「砂漠の嵐」の冷たい椅子から滑り落ちた水兵たちは、まだ帰国の途中から、アメリカ海軍史上、最も苦痛に満ちた戦略思想の転換を始めた。この苦痛は水に生きる軍人たちを一年半も苦しめた。その後、数人の中佐と大佐から『海から陸へ』と題する白書が提出され、海軍長官の机に届けられた。

この白書は明らかに、アメリカ海軍の精神的ゴッドファーザーであるマハンの教義に背き、昔の規則を改め、海上決戦による制海権の奪取をもはや海軍の永久不変の神聖な使命とせず、上陸支援や地上戦を初めて自己の重要な任務としたのだ。これは、深海を遊泳するサメを泥水の中でのたうつワニに変えてしまうことに等しい。さらに驚かされるのは、これほど常軌を逸し道理に背く異端の説に、海軍長官、海軍作戦部長、海兵隊司令官の共同署名が付され、これがマハンの著書『海上権力の歴史への影響』以来最も重要な海軍の文献となったことだ。

大胆な戦略の急変は、世界の構造が大変動している背景の下で、再建の道を模索している軍隊に対して重要な転機をもたらした。海軍が自ら設定した目標は、陸軍ほど急進的ではなく、また空軍ほど大胆でないように見えるが、その転換はもっと根本的で、全体に及ぶ影響力を持っている。

軍種の算盤の珠《たま》をはじく技では陸軍、空軍に劣らない海軍も当然ながら、自己変革と軍事費獲得の一石二鳥を望んだ。しかし大規模戦争で重要な役割を果たせなかった軍種（海軍）にとって、戦後の新たな利益配分で、これまでのシェアを保持しながら、野心満々にもっと大きな分け前を得ようとすれば、必ずや、最もあか抜けたプランを出し徹底的な改革を行わなければならない。

そこで、海軍は『海から陸へ』を提出した二年後に、新しい白書『最前方——海から陸へ』を発表し、[10]さらに積極的な「最前方の存在」、「最前方の配置」、「最前方の作戦」など新しいホルモンを海軍の戦略に注入した。また二年がたつと、海軍作戦部長ブダール大将は『二〇二〇年の海軍についての構想』を打ち出した。その彼が自分の損なわれた軍人としての栄誉を挽回《ばんかい》するために自殺した後、後任のジョンソン大将は彼の考えをそっくり継承し、歴代の前任者が始めた改革を引き続き推進した。

ジョンソンは「平和時の関与、抑止と衝突防止、作戦そして勝利獲得」を二一世紀のアメリカ海軍の三大任務とした。そこには絶対に変わらない趣旨があった。すべての前任者と同じように、提出したどの計画案でも海軍を枢軸としているということだ。今回、彼が三大任務を提起したのは次のような理由に基づいている。アメリカ軍が担っている頻繁な海外作戦任務では、陸軍は多方面の輸送力の助けを借りて配置展開することが必要だし、空軍は他国の基地に頼りすぎているが、ひとり海軍のみがいかなる海域においても自由に徘徊《はいかい》し、多様な手段をもって戦力を投入することができる。したがって、その結論は当然のことだが、海軍こそ統合作戦部隊の中核になるべきだ、というのである。

この海軍大将は、自分のこの論点を陸、海、空三軍の司令官と国防総省さえ認めれば、次は当然、彼の軍種（海軍）のために予算支出の優先権をスムーズに獲得できるはず、と踏んでいた。一九九八年のアメリカ国防予算によると、この約一〇年来、一貫して削減の趨勢《すうせい》をたどっていたアメリカ軍事費のグラフの上で、海軍と海兵隊は各軍兵種の中で、軍費削減が最も少なかった。海軍大将たちはどうやら願い通りに望みを達成したようだ(11)。

以上分析し輪郭を描いたのは、湾岸戦争後のアメリカ三軍の動向と軍兵種間に存在する亀裂《きれつ》と混乱の現状である。読者は、アメリカ軍人がこの戦争を総括するために払ったさまざまな努力に感動するかもしれないし、アメリカ軍人が軍兵種の利益を守るために取ったやり方に共鳴を感じるかもしれない。しかしそれと同時に、こんなに多くの軍人と卓越した頭脳が軍種の垣根に隔てられ、互いに牽制《けんせい》し、相殺し合っているために、一つひとつ強大そうに見える軍種が、最終的に組み合わせると、音調の定まらない信号ラッパによってアメリカ軍全体の歩調がかき乱されてしまうことを惜しいと思うかもしれない。

●贅沢病と死傷者ゼロ

高価な兵器を使い、目標の達成と死傷者数の減少のためならカネを惜しまない、という大富豪にしかできない戦争が、アメリカ軍の得意技である。「砂漠の嵐」は、アメリカ人が戦闘の中で示した贅沢《ぜいたく》ぶりが、中毒と言ってもいい程度にまで進んだことを再度見せてくれた。平均して一機二五〇〇万ドルの飛行機が、四二日間で一一万回という狂ったような無差別空爆を行った。また一個一三〇万ドルもするトマホーク・ミサイルを使ってバース党本部を破壊し、数万ドルの精密誘導爆弾を使って散開した兵の坑道を狙い撃ちにした。アメリカの将軍たちが最初から、六一〇億ドルも支払ったこの戦争の豪華な宴会の勘定を自分で支払う必要のないことを知っていたとしても、彼らは「黄金のタマで鳥を撃つ」豪奢《ごうしゃ》な戦争はやはり贅沢すぎたと感じているに違いない。

アメリカ製の爆撃機は空を飛ぶ黄金の山のようなもので、多くの攻撃目標よりも高価である。

重さにして何トンにもなる米ドルを、取るに足りない目標にぶつけたところで、その価値があるかどうか疑わしい。このほか、一六一日間昼夜を問わず、五二万人にも及ぶ人員、八〇〇万トン余りの物資を、アメリカ本土やヨーロッパ各地から前線に輸送した。その中には、数十年間もどこかの倉庫に放置され、とっくに廃棄処分の報告を受けていた数千個の日よけ帽子や、リヤドの埠頭《ふとう》でコンテナに積まれたまま腐っていたアメリカ産のリンゴも含まれていた。

補給支援を担当したパガニース少将は、このような大規模な混乱と贅沢な保障行動を、「恐らく有史以来聞いたこともない」海空輸送と呼んだ。アメリカ国防総省の具体的な言い方に従えば、今回の後方支援は、ミシシッピ州の州都ジェファーソン市のすべての生活施設をサウジアラビアに運搬したのに匹敵するという。全世界の軍人の中で、これは戦争に勝つために必要不可欠の贅沢だと思っているのは、恐らくアメリカ人だけだろう⑫。

実に不思議なのはまさにこの点である。マクナマラがビジネス精神をもって徹底的に改造した国防総省は、これまでずっとコストを考えない豪華な戦争しかできなかった⑬。下院の軍事委員会という、常にカネをめぐって元帥たちと口喧嘩《げんか》をする機関でさえ、今回の戦争の驚くべき出費について一言も文句をつけなかった。彼らがそれぞれに提出した湾岸戦争に関する調査報告レポートでは、ほとんど口をそろえて、ハイテク兵器の重要な役割に対し極めて高い評価を与えている。

チェイニー国防長官は「われわれの兵器の技術はまるまる一世代リードしている」と言い、アスピン議員は「ハイテク兵器の成果はわれわれの最も楽観的な推測を超えた」と、これに応じた。もしも読者が、この自画自賛の言葉の裏に潜んでいる意味を知らず、彼らがただ、アメリカ軍のハイテク兵器の支援の下で、イラク戦争を打ち破る戦争目標を順調に達成したと得意になっているとだけ思うなら、それは、読者が二人の熱狂的な技術決定論者はでたらめを言っているにすぎないと思うだけで、アメリカ式の戦争に含まれているすべての意味を十分悟ったことにはならない。アメリカ人は勝利のためには、あらゆる物質コストも惜しまないが、命の代価を一切払うことを惜しんできた民族であることを知らなければならない。

ハイテク兵器の出現は、まさにアメリカ人のこうした贅沢な望みを満足させることができた。湾岸戦争では、五〇万人のアメリカ軍は、わずか戦死者一四八人、負傷者四五八人だけしか出さず、長年にわたって追求してきた「死傷者ゼロ」という目標をほぼ実現した。ベトナム戦争後、アメリカ軍もアメリカ社会も、軍事行動での人員の死傷については病的なほど敏感になっている。死傷者数の減少は作戦目標の実現とともに、アメリカ軍の天秤《てんびん》に同じ重量でかけられた「おもり」になっている。戦士として戦場に赴くべきアメリカ軍兵士は、今や戦争の中の最も高価な抵当物件となり、その貴重さは誰かに打ち壊されるのを恐れる花瓶のようなものである。

アメリカ軍と交戦したことのあるすべての相手は、大抵みな秘訣《ひけつ》を知っている——アメリカ軍に勝てそうもない場合は、その兵士を殺せばよいのだ。(14) この点は、アメリカ議会が強調した「死傷者の減少は計画策定の最高目標」という報告書からも、はっきりと証明される。「死傷者ゼロの追求」という慈悲深さのあふれた素朴なスローガンは、アメリカ式の贅沢な戦争様式を作り出す主要な原動力になった。

こうして、ステルス機、精確な弾薬、新型戦車、ヘリコプター、さらに超視界攻撃、絨毯《じゅうたん》式爆撃が無制限に使用されるようになった。これらすべては、兵器であれ手段であれ、ほとんど二律背反と言ってもいい二重の目標、すなわち、勝利しなければならないが死傷者を出してはならないという目標を同時に担うことになる。

こうした前提に縛られた戦争では、結局は牛刀を使って鶏をさばくやり方しかない。その高度の技術、高度の投入、高度の報いという特徴のために、軍事上の謀略と作戦芸術に対する要求より、兵器の技術性能に対する要求の方がはるかに高いものになった。このため、湾岸戦争と同一規模の戦役を持つ成功した戦争の中で、出色の戦闘例は結局一つもない。所有している先端技術に比べて、アメリカ軍の戦術は明らかに遅れているし、新戦術にチャンスを提供するために新技術を補足することにも長《た》けていない。

先端技術の兵器を有効に使っている点を除き、われわれはアメリカ人がこの戦争で示した軍事思想が他の国に大差をつけているとは思えないし、少なくとも彼らが兵器装備面で示しているほど、その格差は大きくない。だからこそ、湾岸戦争は軍事芸術の傑作とはならず、逆にアメリカを代表とするハイテク兵器の豪華な博覧会になり、ここからアメリカ式の戦争贅沢病が世界的に広がり始めたのである。

大量のドル札はイラクをぶち壊すと同時に、全世界の軍人を茫然自失の状態にさせた。一方、世界最大の武器商人であるアメリカ人は当然のことながら、このことを大いに喜んだ。人々は技術が最先端で、戦法が単調で、費用が莫大《ばくだい》というこの典型的な戦争に直面したとき、プロットは簡単だが特殊撮影技術が複雑な、ワンパターンのハリウッド映画を見たように、戦後かなりの時間がたってもつかみどころがはっきりせず、現代の戦争とはこのようにやるものだと思い込み、しかも、自らこのような高価な戦争ができないために、みすぼらしさを恥じている。湾岸戦争後、世界各国の軍事論壇においてハイテク兵器への憧《あこが》れやハイテク戦争の叫びがなぜ氾濫《はんらん》したのか、原因はまさにここにある。

詩人のジェファーソンは、天才のエジソンを生み出したアメリカ民族について「われわれは……機械に精通し、かつ贅沢なものに熱中している」と語っている。アメリカ人は生来この両者の強烈な愛好者で、しかも技術の上では完璧《かんぺき》さと極致を追求し、ひいては兵器を含む機械さえ贅沢品に仕立てようとする傾向がある。取っ手に象牙《ぞうげ》を飾りつけたピストルを愛用したパットン将軍が、その典型である。

こうした傾向により、アメリカ人は技術に執着し熱中し、技術や兵器を妄信し、いつも技術や兵器の次元で戦争に勝つ法則を見つけようとする。この傾向によって彼らはまた、兵器の領域で自らリードしている地位を揺るがされるのではないかと、いつも心配し、さらに新しく、さらに複雑な兵器をさらに多く製造することによって、こうした心配を打ち消そうとしている。

このような心理状態の下で、日増しに煩雑になりつつある兵器システムと、実戦が要求する簡潔の原則が衝突したとき、アメリカ人は往々にして兵器の側に立つ。彼らは戦争を、士気や勇敢さ、知恵、謀略面での勝負と見なすより、むしろ相手との軍事技術上のマラソン競走と見なしている。彼らは、現代のエジソンが熟睡さえしていなければ、勝利の扉は必ずやアメリカ人に大きく開かれていると信じている。このような自信ゆえに、彼らは一つの簡単な事実——戦争は、技術と兵器という固定されたトラック上での角逐だとしても、絶えず方向を変えてゆく、さまざまな不確定要素からなるサッカーには及ばないという事実——を忘れている。アディダスのスポーツウエアとナイキの靴を身につけても、必ず勝つという保証はどこにもない。

しかしアメリカ人はこの点を理解するつもりはないようだ。湾岸戦争でハイテクの旨《うま》みを味わったアンクルサムは明らかに、ハイテク面でのリードした地位を保つためならどんな高額な代価をも惜しむまいと決心している。経費面でやりくりが難しくなり、継続が困難な事態に直面しても、新技術と新兵器への偏執狂的な熱意は変わらない。見たところ、アメリカ軍当局が次々と書き出し、議会が承認している贅沢な兵器のリストは、ますます長くなっていくことだろう[15]。

しかし、未来の戦争で、アメリカ軍兵士の戦死者リストが「ゼロ」レベルに下がるというのは、片思いに終わるかもしれない。

●グループ、遠征軍、一体化部隊

「二一世紀のアメリカ陸軍にはどんな師団が必要なのか」――これは二〇世紀の最後の一〇年アメリカ陸軍をひどく悩ませた問題だ[16]。

湾岸戦争において、陸軍の大体満足できる成果とハイテク兵器の作戦リズムに対する影響は、鮮明な対比を形成した。昔から海軍より保守的な陸軍は、(部隊の)編成体制を改革する必要性をついに実感した。興味深いことに、今回、改革を妨げる役を演じたのは、陸軍の上層部ではなく、師団級の指揮官からさらに高い地位に昇進した人たちや、その後任ポストについた新師団長の面々だった。そして彼らが戦いを挑んだのが、陸軍参謀長から称賛を受けた一群の大佐や中佐たちだった。

昔からの「師団派」と「旅団派」の戦端が再び開かれ、双方とも自分の意見を主張して一歩も譲らなかった。肩に二つ星や三つ星を飾りつけた大多数の「師団派」は、現行の師団の編成は戦火の試練をくぐったばかりなので、小さな改組はかまわないが、大きく変更する必要はないと考えた。鷹《たか》と楓《かえで》の葉のマークをつけた「旅団派」の見解はこれと真っ向から対立した。陸軍の師団は戦争という試験にパスしなかったからこそ、大きな手術を施す必要があると考えた。

「精鋭師団」、「モジュール師団」、「旅団ベース師団」という三つの計画案が同時にサリバン将軍の手元に届けられた。この陸軍参謀長は「未来作戦の新思考」を体現する三番目の計画案が気に入っていたが、大多数の将軍たちに同案を受け入れるよう説得できなかった。結局、彼が退任してから、保守と改革の折衷案として、アメリカ陸軍は一九九六年一月に第四機械化歩兵師団をベースに、一万五八〇〇人の新しい実験師団を設立した。[17]

「師団派」の主張は明らかに優位に立った。しかし「旅団派」はこれで矛を収めようとはしなかった。「師団の編成は大きすぎて動きが鈍く、二一世紀の戦場の要求に適応するのが難しい」、そのため、短射程のライフル銃の時代から採用された師団編成を全廃し、これに代えて五〇〇〇〜六〇〇〇人程度の新型作戦旅団を基本作戦単位とした新しい陸軍を編成しなければならない、と主張し続けた。将軍たちの反感を緩和するため、彼らは新しい計画案の中で従来の陸軍と同じ数の将校級ポストを残すなど、人情に通じた面も示した。[18]

「師団派」と「旅団派」が論争している最中《さなか》に、アメリカ陸軍戦闘指揮実験室長のマグライグ陸軍中佐が新しい提案を打ち出した。彼は著書『方陣の打破』の中で、師団、旅団の両方の体制を撤廃し、代わりに五〇〇〇人前後の一二種類の戦闘グループをつくるべきだと主張した。この案の新鮮さは、編成の大小、人数の多少という古巣から飛び出して、戦時の必要に応じて積み木のやり方を取り、任務の内容による編成・組み合わせを実行する点にある。

　彼の意見は陸軍内で思いがけない反響を引き起こし、ライマー大将は陸軍の将校たちにこの本を読むように求めた。[19] この現役陸軍参謀長は独自の見識を持っていたようで、マグライグ中佐の考えは必ずしも難題を解決する妙薬ではないかもしれないが、将軍の軍服に包まれた老兵たちを古い思考の繭から脱皮させる妙薬にはなるだろうと考えた。もともと、アメリカ陸軍にとって「グループ」という概念はそれほど目新しいものではない。一九五〇年代から六〇年代の「五グループ制核師団」[20]の改革は一般的に、失敗に終わった試みと考えられ、ひいてはアメリカ軍のベトナム戦争での成果が芳しくなかった間接的な原因と非難されている。

　しかしマグライグは、早産児が必ずしも大人に成長できないわけではないと考えた。もし「グループ」が三〇年前に生まれたのが時期尚早だったとするなら、今はちょうど最適期に当たるとも言えるのだ。現代化した兵器装備によって、比較的少人数の部隊でもその火力や機動力の面で、従来の大規模な軍隊には決して劣らない。とりわけC^4Iの出現によって、長所を相互補完する軍兵種の統合作戦は新たな戦闘力の成長点となった。もしこうしたときに、武芸十八般の武芸者よろしく、各種兵器をそろえた師団編成あるいは旅団編成にこだわるなら、それこそ時代に合わないというべきである。

だが軍事技術の発展、あるいはハイテク技術の出現は一種のきっかけにすぎず、必ずしも先進的な軍事思想と体制の編成をもたらすとは限らない。「色の白いは七難隠す」といわれるように、軍事技術と兵器装備面の先行は次の事実――アメリカ軍の編成体制は軍事思想と同様に、明らかにその所有する先進的な軍事技術に比べ遅れている――を覆い隠している。こうした意味では、「グループ」をもって師団と旅団からなる方陣を破ることは、湾岸戦争後、アメリカ陸軍の体制編成の改革における最も創意ある構想であり、アメリカ軍の改革の新しい思潮を代表していた。

陸軍と違い、空軍と海軍には根強い「方陣」の伝統がないので、彼らの調整の足取りは相対的に軽快だった。とくに空軍は見事に「砂漠の嵐」の勢いに乗り、師団級の編成を一掃し、すべて撤廃した。その際、すべての作戦飛行大隊を合成大隊に変え、率先して最初の体制編成の改革を完成した。「全世界に到達するグローバルパワー」を空軍の新たな戦略目標に定めた後は、さらに改革の翼をはばたかせ、ジョン・ジャンポ空軍中将が打ち出した「空軍遠征部隊」プランのテストを始めている。

この中将の構想によると、いわゆる空軍遠征部隊とは、空中の優位性を奪取し、空中打撃を実施し、敵の防空勢力と空中給油を押さえ込む三四機の航空機と一一七五人で構成され、命令を受けた後四八時間以内に戦闘地域に到着し、かつ衝突の全過程において空中作戦能力を保持できる精鋭部隊のことである。(構想実現という)この面で、アメリカ空軍の行動は超音速というべきもので、現在すでに三つの「空軍遠征部隊」を建設し、実際の配備も終わっている。四番目と五番目の遠征部隊の建設が始まったとき、前の三つの空軍遠征部隊はすでに「南方への見張り」、「砂漠の雷」などの軍事行動でずば抜けた頭角を現し始めていた。[21]

海軍から言えば、すでに『最前方——海から陸へ』という新戦略を打ち出していたので、海軍艦隊と海兵隊の混成による遠征部隊の建設は当然の成り行きだった。足取りの重い陸軍や疾《しっ》風怒濤《ぷうどとう》のように突進する空軍と違い、海軍は演習と実戦を通して「海軍遠征部隊」の構想を磨き上げていこうとしている。一九九二年五月の大西洋《たいせいよう》艦隊司令部の「海の冒険」、ヨーロッパ艦隊司令部の「二重突撃」、太平洋艦隊司令部の「沈黙の殺し屋」、海兵隊の「シードラゴン」などの演習から、イラク南部飛行禁止空域を設定した「南方への警戒」、イラクを威喝する「勇士への警戒」、そしてソマリアでの「希望復活」、ボスニアでの「精鋭衛兵」、ハイチでの「民主主義の維持」まで毎回の行動において、海軍は自らの新しい編成をせっせとテストしている。[22]

彼らが空母戦闘群、陸海哨戒《しょうかい》大隊、海兵隊特別派遣部隊からなる「海軍遠征軍」に規定した任務は、速やかに制海権を握り、沿海地域で作戦を遂行するということだ。海軍にとって喜びだったのは、この遠征部隊に必要な上陸装備の予算が意外にも議会で承認されたことだった(23)。アメリカの政治家たちの、海軍に対するある種の偏愛によって、海軍とくに海兵隊は湾岸戦争時の冷遇の影から救い出され、新しい海軍の体制を打ち立てた後は、アメリカ軍の第一軍種の地位を占めようと自信満々である。

湾岸戦争後に始まった体制編成の改革は、アメリカ軍内部の構造を調整しただけでなく、兵器の研究開発と戦法の見直しを推進し、さらにはアメリカの国家戦略にまで深遠な影響を及ぼした。小型で、すばしこく、敏捷《びんしょう》で、軍事的打撃をもって非戦争の軍事任務の遂行もできる「遠征軍」は、各軍兵種が競い合って取り入れた新しい編成モデルになり、またアメリカ政府の手中にある便利で効果的な道具となった。

われわれは、これらの使いやすい「人殺し兵器」を持ったために、一種の憂慮すべき危険な傾向が助長されたと見ることができる。すなわち、アメリカ政府が国際問題を処理するとき、ますます武力に訴えることを好むようになり、何かにつけてはすぐ手を出し、ささいな恨みでも必ず仕返しをするという傾向である。このような軍隊と政府、軍事と政治の相互作用により、アメリカ軍は体制の編成から戦略思想に至るまで、その度合いは深いが、災難をもたらさないとは言いがたい変化を体験し始めている。

目下、アメリカ国防総省は、地上、空中、海上の遠征軍を一体化した「統合特殊派遣部隊」の試みに着手しているが、これこそこの変化の最新ステップである。[24] ただし、こうした十分に一体化した部隊が、アメリカ政府が与えたグローバルな使命を敏捷かつ迅速に遂行したとき、アメリカ軍ないしアメリカ政府を、頭痛の種となるような泥沼に引きずり込むことにならないかどうか、現時点ではまだ予測が難しい。

●統合戦役から全次元作戦へ——徹底した悟りまであと一歩

アメリカの軍事理論が遅れているというわれわれの断定は、その先進的な軍事技術に比較してという意味である。他の国の軍人に比べて、技術的色彩に満ちたアメリカ人の軍事思想は、未来の戦争はハイテク戦争だと仮定した尺度の下では当然、どの国も追いつかないほど圧倒的にリードしている。ただし、率先して「軍事技術革命」を打ち出した旧ソ連のオルガコフ一派は唯一の例外かもしれないが。

湾岸戦争の実際の試練を経て、「軍事革命」は切迫してきた。ひとりアメリカ軍だけでなく、全世界の軍人の間でも、この四文字は誰もが真似をする流行のスローガンになった。他人の技術に憧《あこが》れ、ある種のスローガンに追随するのは必ずしも骨の折れることではない。骨を折るのはアメリカ人だけだ。すでに始まり、間もなく全面的に到来する軍事革命の中で、自らのトップの座を保つためにまず解決しなければならないのは、アメリカ軍が軍事思想と軍事技術との間に存在する格差をなくすことだ。

実を言うと、戦火が消えたばかりで、アメリカ軍がまだペルシャ湾からの撤退を完了しないうちに、アメリカ軍は上から下への「思想上の血の入れ替え」をすでに開始していた。その意図するところは、軍事技術革命の始動後、同一歩調で前進できない軍事思想革命に対し補習授業を行うことだった。結局のところ、技術の味に対する偏った好みから逸脱できなかったものの、それでもアメリカ人は今回の尋常でない「包囲網の突破」から、アメリカ軍にとってだけでなく、全世界の軍人にとっても同様に有益な収穫を得た。それはまず「統合戦役」という概念の形成であり、次に「全次元作戦」思想の練り上げである。

「統合戦役」の考え方は、最も早くは一九九一年一一月にアメリカ軍統合参謀本部が出した出版物の第一弾『アメリカ武装力の統合作戦』規定にさかのぼることができる。湾岸戦争のいぶきにあふれている新鮮な概念は、これまで流行して久しい「協同作戦」の限界を打ち破り、ひいてはアメリカ人がかつて宝物と見なしてきた「空地一体作戦」理論をも超越した。この規定は、「統合戦役」の四つの要素、つまり統一された指揮、軍種の平等、全面的な統合、全縦深同時作戦を突出させ、戦域統合司令部司令官の指揮統制権を初めて明確にした。さらに、どの軍種も異なる状況に基づき作戦の主力になりうると規定し、「空地一体作戦」を陸、海、空、宇宙一体戦まで広げ、作戦空間全体において全縦深同時攻撃作戦を行うことを強調している。

アメリカ軍統合参謀本部の強力な推進の下で、各軍種は相次いで統合規定に適応する軍種規定の制定に着手し、これによって、未来の戦争の方向を代表するこの新戦法へのアイデンティティーを明らかにした。もっとも彼らは陰では、自軍種の中心的役割を突出させることを忘れてはいなかったが、境界線のはっきりした統合を実行する――すなわち各自の領域を明確にし、規定、法律および軍種のプライドによってそれぞれの統合を区別する――ことを希望した。

しかし統合参謀本部議長のシャリカシュベリは見たところ、今回は各軍種の参謀長に妥協するつもりはなく、「アメリカ軍の共同行動を導く〝お手本〟的な『二〇一〇年統合部隊の構想㉕』」を公布することによって、現代版のモーゼを演じる決意を示した。つまり、雲行きのあやしい夕暮れに、アメリカ軍を率いて軍種間の垣根を取り壊し、正真正銘の一体化統合作戦を実現するために苦難の行路の旅に出たのである。

しかし、たとえアメリカのような、新しいものが容易に伝播《でんぱ》し、受け入れられる国でも、事態はシャリカシュベリが考えているほど簡単ではなく、彼の退役に伴い、アメリカ軍の中で「統合構想」への批判がだんだん多くなり、懐疑論が再び頭をもたげるようになった。

海兵隊は、「統合を神仏のようにあがめ奉り、未来の軍隊の編成に関する議論を抑えつけてはならない」、「統合の一致性は軍種の独自性を失わせる」、これは「競争と多元化を強調する」アメリカの精神に背くと考えた。空軍は、「二〇一〇年統合部隊の構想は必ずや実践を通して発展させ、軍種間が相互に学び合うよう奨励すべきだ」、「この変革の時代、実験の時代では、われわれの思想は融通のきくものでなければならず、硬直化したものであってはならない」と遠回しに表明した。(26) 海軍と陸軍のこの方面での見方もこれに近いもので、シャリカシュベリの苦心の作を一朝にして烏有《うゆう》に帰そうとしているかのようだ。

こうしてみれば、人がいるときは政策が進められ、人がいなくなるとその政策も止まってしまうというのは、必ずしも東洋の改革だけでないことがわかる。われわれは傍観者として、狭い集団の利益のために貴重な思想が犠牲にされてしまうことにがっかりし、嘆かざるを得ない。「統合戦役」、「統合構想」の根本は、軍種の利益に対する肯定や剝奪《はくだつ》にあるのではなく、各軍種が統一した戦場空間で統合作戦を実現し、各軍種がその独自行動によって生まれるマイナス効果を最大限に下げることを意図している点にある。本当の一体化した軍隊を見いだす方法がまだない段階では、これは人々が考え出すことのできる最上の戦法である。

ただ、この貴重な思想の限界性は、そのスタートとゴールがいずれも武力行使のレベルに置かれ、「統合」の視野を、人類が対抗行為を生み出すであろう、あらゆる領域に広げてはいない点にある。こうした思想上の欠陥は、二〇世紀が終わりに近づき、広義の戦争の手がかりがすでにその頭角を現しているとき、あまりにも人目を引く。もし陸軍が一九九三年版の『作戦要綱』の中で「全次元作戦」の概念を盛り込んでいなかったら、われわれはアメリカの軍事思想界の「貧血」ぶりに驚きを禁じえなかっただろう。

一三回も修正されたこの綱領的文書は、今後数年間にアメリカ軍が直面しうるであろうさまざまな挑戦を先見の明をもって洞察し、初めて「非戦争の軍事行動」という斬新《ざんしん》な概念を打ち出した。この概念によって、人々は初めて全方位戦争を行う可能性を認識するようになり、アメリカ陸軍は自らの作戦理論に堂々とした新しい名前——「全次元作戦」をつけた。興味深いことに、アメリカ陸軍の一九九三年版『作戦要綱』の修正を担当した、強烈な創造精神の持ち主はほかでもなく、湾岸で第七軍団を指揮したとき作戦が保守的だと非難されたフランクス将軍なのである。もし後に起きた出来事がアメリカ人の思考方向を変えなかったら、湾岸戦争後、創設された陸軍訓練・規定司令部に着任したこの司令官が、もうちょっとで、アメリカ軍事思想に歴史的な一里塚を立てることになったはずである。

一九九三年版の『作戦要綱』の中で、フランクス将軍と彼の規定執筆グループの将校たちは、「戦争地域全体が宇宙作戦の支援の下で、統一した空中、地上、海上および特殊作戦を実施する」という文章と「戦争と非戦争行動の各種可能な行動の中で、掌握しているすべての手段を運用し、最少の代価をもって、与えられたいかなる任務をも果敢に遂行する」という二つの文章の間に存在する大きな違いを理解していなかった。また軍事行動としての戦争以外に、まだそれよりはるかに広い範囲の非軍事戦争行動の可能性もあることに気づかなかった。だが少なくとも、要綱は「全次元作戦」は「全縦深、全高度、全正面、全時間、全頻度、多手段」の特徴を持つべきだと指摘しており、これこそ戦争史上かつてなかった作戦方式の最も革命的な特徴なのである。(27)

残念なことに、アメリカ人、正確に言うとアメリカ陸軍は、あまりにも早くこの革命を中止した。反対の声が上がる中、かつてフランクス将軍の下で連隊長を務め、後に陸軍訓練・規定司令部の統合兵種司令官となったホールド中将も元上司の創意を痛烈になじった。このときのホールド中将は、戦場で勇敢に突撃したホールド大佐ではなかった。今や彼は陸軍内で保守伝統派の代弁者を務めていた。彼の見方は、「非戦争の軍事行動に独自の原則が存在するという考えは、作戦部隊の中で必ずしも歓迎されておらず、多くの指揮官が非戦争行動と本来の軍事行動を区別することに反対している」というものだ。ホールドの背後にある「陸軍の中ではすでに、非戦争行動を区別して単独で対処するのは間違いだ、という共通の認識が形成されている」。彼らは、もし「非戦争の軍事行動」を基本規定に書き込むなら、軍隊の尚武の特徴が薄められ、さらに軍隊行動の混乱をもたらす可能性さえある、と考えている。

ここまできて、フランクス将軍の革命が流産するのは避けられなくなった。後任の陸軍訓練・規定司令部の司令官ハゾッグ将軍から意を授かって、ホールド将軍と九八年版『作戦要綱』改訂グループは、「一組一つの原則をもって、陸軍の全類型の軍事行動をカバーする」という基調の下で、新しい要綱に重大な修正を加えた。彼らのやり方は、非戦争行動と一般の軍事行動とをもはや区別せず、作戦行動を進攻、防御、安定、支援という四つの類型パターンに分けるだけで、もともと非戦争行動に入れられていた救援、平和維持活動などを再び従来の作戦行動の紋切り型に戻して、統一した作戦原則の中に収め、「全次元作戦」の概念をきっぱりと放棄した(28)。

表面的には、これは根本を正し、煩雑なものを簡潔化する作業だったように見える。だが、実際には、これはアメリカ版のちぐはぐな改悪にすぎない。なぜなら改訂後の新しい要綱は、未熟な「非戦争の軍事行動」という概念がもたらした理論上の混乱を取り除いたと同時に、摘んできた価値の高い果実をも不注意にもついでに捨ててしまったからである。一歩進んでは二歩下がるような踊りは、どの民族にもあるようだ。

とはいえ、アメリカ陸軍の近視眼を指摘したことは、必ずしも「全次元作戦」理論が間違っていないということではない。それとは反対に、この理論は概念の外延と内包の両方に著しい欠陥が見られる。確かに「全次元作戦」はこれまでのどの軍事理論よりも、作戦の領域と方式に対する認識がかなり広くなっている。しかしその本質から見て、相変わらず「軍事」の範《はん》疇《ちゅう》から出ていない。

例えば、われわれが前に提起した「非軍事の戦争行動」という、軍事の戦争行動に比べ広範な意義を持ち、少なくともそれと肩を並べることができる作戦領域と方式は、アメリカ軍人の視野から排除された――この広大な領域こそ、まぎれもなく未来の軍人や政治家が想像力と創造力を発揮する空間なのだが。

したがって、それはいわゆる真の意味での「全次元」とは言えないのである。しかも「全次元」という言葉はアメリカ陸軍の中では、いったいどれくらいの幾何学的次元の空間なのか、それとも戦争に関する各種要素なのか、あるいはその双方を兼ねているのか、ということさえ明確に整理していない。つまり、まだ言葉が簡単すぎて意を尽くさず、混沌《こんとん》とした状態にあるのだ。全次元とはいったい何を指し、各次元の間の関係はどうなっているのかをきちんと整理しなければ、もともと潜在力に富んだこの概念を十分に展開させる方法などはない。

事実上、三六〇度という立体的空間に時間を加え、さらに非物理的要素を加えた全次元において戦争を行うことなど、誰もできはしないのだ。いかなる具体的な戦争であれ、いつも一方に重点を置き、限られた次元の中で展開し、また限られた次元の中で終わるのである。唯一違うのは、予見可能な将来においては、軍事行動はもはや戦争のすべてではなく、全次元の中の一次元にすぎず、さらにはフランクス将軍が打ち出した「非戦争の軍事行動」を加えても、全次元だとすることはできない。軍事行動以外のすべての「非軍事の戦争行動」をプラスして、初めて完全な意味での全次元作戦を実現することが可能となる。指摘しなければならないのは、この思想は、湾岸戦争終結後のすべてのアメリカ軍事理論研究においてまだ出現していないということだ(29)。

「非戦争の軍事行動」や「全次元作戦」など創造性にあふれた概念は、軍事技術革命から始まった軍事思想革命のかなり近くまで迫った。言い換えれば、険しい山道の最後の切り立った崖《がけ》の下まで来て、大いに悟りを開く峰の頂上まであとわずかの距離だったのだが、アメリカ人はここで足を止めてしまった。軍事技術と軍事思想の両面でずっと世界各国をリードしてきたアメリカ兎は、ここで息が荒くなり始めた。湾岸戦争後、サリバンやフランクスたちはさまざまな軍事論文の中で、「兎よ走れ」と叫んだのだが、すべての亀を後ろに置いてきぼりにすることはできなかった。

現在は、あるいはロニー・ヘンリー中佐(30)のような、他国の軍事革命の能力を疑うアメリカ人たちが自ら反省する時期になったのかもしれない——なぜ軍事革命が起きなかったのかと。

（1）「二一世紀の陸軍」はサリバン自身が心から満足する労作である。就任のときから退任した後までも、彼はこれに対し終始、衰えぬ情熱を持っていた。アメリカの軍内部や他の国の軍人の多くは、「二一世紀の陸軍」を「デジタル化部隊」と同等視しているが、サリバンはそうは考えていない。彼は、「二一世紀の陸軍」を一つの「最終案」と見るより、「一種の心構えと方向」と見るべきであり、アメリカ陸軍が「一体化」への改革を続けるべきだと考えている。「二一世紀の部隊の一体化は、作戦理論、組織体制、訓練、指揮官の養成、物資装備と兵士の問題、基礎施設など各方面を含んでいる」（アメリカ『軍事評論』一九九五年五～六月号）。現在のアメリカ陸軍の普遍的な見方によると、「二一世紀の部隊は、陸軍の現有部隊が情報化時代の野戦実験、理論研究、装備の購入計画を実施し、それによって地上作戦部隊が現在から二〇一〇年にかけての任務執行をしっかりと準備することである」（陸軍訓練・規定司令部参謀長補佐官ロバート・ジリブエール大佐、『武装力』一九九六年一〇月号）

（2）デニス・J・ライマー大将は次のように述べている。「『二〇一〇年以降の陸軍』も『二一世紀の陸軍』と『明後日の陸軍』とをつなぐ理論上のキーポイントである。『二一世紀の陸軍』は陸軍が実施中の計画である……『明後日の陸軍』は陸軍が論議中の長期的計画である……三つの計画は相互にタイアップし、陸軍が整然とした方向へ発展していくのを確保するため、ワンセットの連続的かつ秩序ある変革を決めた」（『二〇一〇年陸軍の構想』についての報告、一九九七年）

（3）技術の更新スピードは兵器の装備スピードよりはるかに速い。こうした現象の裏には、「先行者はかえって後《おく》れを取りやすい」（この点は電気通信業の発展とコンピューターの更新によって証明されている）という深刻な矛盾が隠されている。これは、大規模工業方式に基づきつくられた軍隊とITとの間の、調和しがたい矛盾の一つであるかもしれない。だからこそ、アメリカ人は各種の軍事ハイテク、ひいては民間新技術の拡散に対して、病的なまでに神経質になっているのだ。

（4）この点については、アメリカ軍内部でも多くの人が疑問を提起している。アレン・キャンペン大佐は、「人々があまり理解しておらず、検証を経ていない新戦法を急いで採用することは危険であり」、「有益な軍事革命を国家安全に対する賭《か》け事にしてしまう可能性がある」と考えている（アメリカ『シグナル』一九九五年七月号）。

（5）チャールズ・オーナー空軍大将が指揮する統合部隊の空中部隊司令部は、シュワルツコフの命令に従わなければならなかったものの、湾岸戦争では結局、自分を十分に売り込むことができた。

（6）「全世界に到達するグローバルパワー」は、冷戦後のアメリカ空軍の戦略構想として、一九九〇年六月、白書の形で発表された。半年後、湾岸戦争でこの構想の基本原則が検証された。

（7）アメリカ『陸軍』一九九六年一二月号、「陸空統合作戦」という論文を参照。

（8）一九九七年、アメリカ空軍はまた新しい発展戦略『全世界における関与――二一世紀アメリカ空軍の構想』を打ち出した。「われわれの戦略構想は一言で総括することができる。『アメリカ空軍を世界で最も優秀な航空・宇宙戦力として建設する……空軍はグローバルパワーであり、これによってアメリカの姿が存在しないところはなくなるだろう』」（『全世界における関与——二一世紀アメリカ空軍の構想』を参照）

（9）クリントン大統領は「スターウォーズ」計画の廃止を発表したにもかかわらず、実際にはアメリカ軍当局は宇宙軍事化の足取りを一貫して緩めていない。『全世界における関与——二一世紀アメリカ空軍の構想』は、「この革命的な変革の第一歩は、アメリカ空軍を航空・宇宙戦力に変え、さらに宇宙・航空戦力に改造していくことだ」ととくに指摘している。航空と宇宙の語順の入れ替えは、重心の調整をはっきりと表している。宇宙軍司令部に至っては宇宙部隊の役割をさらに強調している（詳細については『米軍宇宙部隊と統合宇宙理論』を参照）。一九九八年四月、アメリカ宇宙軍司令部は長期計画『二〇二〇構想』を発表し、軍事宇宙作戦の四種の概念、すなわち、空間コントロール、グローバルな交戦、全面的な戦力の集結、グローバルな協力を打ち出した。二〇二〇年までに、空間コントロールは以下の五つの目標——空間進入の確保、空間の監視、アメリカおよび同盟国の宇宙システムの保護、敵によるアメリカおよび同盟国の宇宙システム使用の防止、敵による宇宙システムの使用阻止——を達成しなければならないとしている（『現代軍事』一九九八年第一〇号、pp.10～11を参照）。

(10)「一九九二年に公布された海軍と海兵隊の白書『海から陸へ』は、戦略の中心と重点の変化を示し……海軍部隊の最前方への配置を強調している。このことはまさに『最前方――海から陸へ』が『海から陸へ』の体現しているものに比べ、最も本質的に違った点である」（J・M・ボルダ海軍大将、『海兵隊』一九九五年三月号）。この海軍大将はまた、単刀直入に海軍の「予算面の優先権」を率直に要求している。

(11) アメリカ国防総省一九九八財政年度の『国防報告』を参照。

(12)『湾岸戦争――アメリカ国防総省が議会に提出した最終報告書』および『付録』の第六部を参照。

(13) フォード・モーターズ社会長から国防長官に就任したマクナマラは、民間会社の見積もり制度と「費用対効果比」の概念をアメリカ軍に導入した。これによって、軍隊はいかに少ない資金で兵器を購入するかを学んだが、いかに戦争を行うかに関しては、彼らは別の基準を持っている。『国防総省が実現しなければならない目標は、最少のリスク、最少の支出をもって、しかもいったん戦争に巻き込まれた場合は、最少の死傷者をもってわが祖国の安全を獲得することである』（マクナマラ『ベトナム戦争の悲劇と教訓を回顧して』pp.27~29［邦訳『マクナマラ回顧録』仲晃訳、共同通信社］）

(14) チャールズ・ジュニア・デンラプ大佐は次のように指摘している。「死傷はアメリカの力を弱める効果的な手段である……したがって、敵は自らの損失を顧みずに、あるいは戦術的勝利を取るために、ひたすらわれわれに死傷者を出させる可能性がある」（「敵の立場に立って『ジョイント・ビジョン二〇一〇』を分析する」季刊『統合部隊』一九九七―一九九八年秋／冬号）

(15) アメリカの一九九七財政年度『国防報告』によると、議会の同意を得た先進的な概念の技術項目は二〇種類あった。「①戦力の快速輸送システム、②精密攻撃マルチバレル発射システム、③高高度遠距離無人飛行機、④中高度遠距離無人飛行機、⑤精密信号目標捕捉《ほそく》システム、⑥巡航ミサイル防御、⑦戦場シミュレーション、⑧地雷（水雷）の総合的な処理、⑨弾道ミサイル迎撃兵器、⑩ハイレベル総合計画で使用する先端技術の制定、⑪戦場の了解とデータ送信、⑫大規模殺傷兵器拡散の防止、⑬航空基地（港湾）の生物兵器防御、⑭先進的な誘導システム、⑮戦闘の識別、⑯統合した後方支援、⑰戦闘車両の生存能力、⑱寿命周期費用の安い中型輸送ヘリコプター、⑲半自動画像処理、⑳対空射撃用の小型の偽装標的」

(16)「二一世紀のアメリカ陸軍にはどんな師団が必要なのか」。ショーエン・ネールは一九九五年一〇月一六日の『陸軍時報』に文章を掲載し、これについて詳細に論じている。

(17) アメリカ『陸軍時報』では次のように明らかにしている。「五年にわたる分析、研究および軍内の議論を経て、陸軍当局はついに装甲師団と機械化歩兵師団のために新しい編成を制定した。新しい重火器師団の編成は『二一世紀師団編成』と名づけられた。……師団直属部隊、一装甲旅団、二機械化歩兵旅団、砲兵部隊（旅団クラス）、一航空旅団、一後方支援司令部から編成される。全師団は合計一万五七一九人（予備役四一七人を含む）である」。編成制定の担当者はこう説明している。「今回制定した新しい編成はなんら革命的な編成ではない……実は、これは比較的保守的な編成と見なされるものにすぎない」（一九九八年六月二二日『陸軍時報』ジム・タイシウェンを参照）

(18) ジョン・R・ブリンカーホフ「旅団ベースの新型陸軍」『パラメーター』一九九七年冬季号を参照。

(19)『方陣の打破』の詳細については、アメリカ『陸軍時報』一九九七年六月七日、ショーエン・D・ネールの文章を参照。

(20) 核戦争の必要に応じて、部隊が核の戦場で戦闘を遂行し、生存できるようにするため、アメリカ陸軍は一九五五年、核師団あるいは五グループ制師団の改編を行った。全師団は合計一万一〇〇〇～一万四六〇〇人で、比較的機動力のある五戦闘グループに分け、戦術核兵器を配備する。しかしこのような師団は、非核戦場（通常兵器の戦場）での攻撃能力が相対的に低い。

(21) アメリカ空軍の遠征部隊の構想についての詳細は、ウイリアム・ルーニー空軍准将が『空中戦力』一九九六年冬季号に掲載した論文を参照。

(22) 海軍作戦部長カイルソーと海兵隊司令官マンディが述べたように、軍事費が不断に削減され、海外基地がますます減少している状況下では、「アメリカは規模は比較的小さいが、迅速に配備でき、合理的に編成しやすく、かねがね訓練された統合作戦部隊を必要とする」(アメリカ『海軍学会誌』一九九三年五月号)。「海軍遠征部隊」については、『海兵隊』一九九五年三月号を参照。

(23) Ｌ・エドガー・プライナー「地平線を超えることから橋頭堡《きょうとうほ》を超えることまで」『海上戦力』一九九五年一一月号を参照。「予想外の予算支出――最近、アメリカ議会は、一九九六財政年度で七隻目の多用途強襲揚陸艦の建造に同意した。このことは海軍にとっては予想外の喜びであった。予算の制限により、海軍はもともと二〇〇一年になって、この艦艇の予算申請を出すつもりであった……また海軍は元来、一隻目のＬＰＤ‐17水陸両用ドック輸送船の予算申請を一九九六財政年度ではなく、一九九八年度まで延ばすことを決めていた。ところが意外にも、一九九六年の議会は投票採決で、この船のために九・七四億ドルを支出することに同意したのである」

(24) 一九九三年のアメリカの『全面的な防衛審査報告書』は次のように述べている。「大規模な地域紛争に対応するには、下記の部隊――四ないし五陸軍師団、四ないし五海兵隊遠征旅団、一〇空軍戦闘機飛行大隊、空軍大型爆撃機一〇〇機、四ないし五海軍航空母艦作戦大隊、特殊作戦部隊――を〝編成〟するだけで十分である。このほか、われわれは海外存在部隊という新しい概念を打ち出した。すなわち、『自発的適応の特別編成統合部隊』のことである。この部隊は戦域司令官の要求に基づき、特定の空軍部隊、地上部隊、特殊作戦部隊、海軍部隊によって編成される」

(25)一九九六年、アメリカ軍統合参謀本部は『二〇一〇年統合部隊の構想』を打ち出し、アメリカ軍の未来の作戦理論とした。詳細は季刊『統合部隊』一九九六年夏季号を参照。季刊『統合部隊』一九九六年冬季号で、ジョンソン海軍作戦部長とフォグルマン空軍参謀長は『二〇一〇年統合部隊の構想』への支持を表明している。ライマー陸軍参謀長もその後すぐ『二〇一〇年陸軍の構想』を打ち出し、『二〇一〇年統合部隊の構想』に呼応した。

(26)詳細については、アメリカ『海軍学会誌』一九九八年一月号のホフマン中佐の論文「改革は順風満帆ではない」を参照。

(27)『一九九七年世界軍事年鑑』に「全次元作戦」についての詳しい紹介が掲載されている。

(28)アメリカ『陸軍時報』一九九七年八月一八日、ショーエン・ネールの論文「最新版『作戦要綱』草案の変更」に依拠。

(29)恐らくアントゥリアオ・アイチェウィリアの論文「軍事理論上の革命――戦争の各次元の相互性」だけが、戦争の「各次元」とは幾何学および空間理論で指すところの長さ、幅、高さなどではなく、戦争と密接に関係している政治、社会、技術、作戦、後方支援などの要素を指していると指摘している。ただし残念ながら、彼はやはり軍事を軸として戦争を観察しており、戦争の外延の形式を突破していない。

（30）一九九六年四月、アメリカ陸軍大学で開かれた戦略シンポジウムで、ロニー・ヘンリー陸軍中佐が「二一世紀の中国――戦略パートナー……あるいは好敵手」というタイトルの報告を行い、「中国は少なくとも次世紀の最初の二五年間に、軍事革命を行うのは不可能である」と結論づけた（軍事科学院外国軍事研究部編『外軍資料』一九九七年第六号を参照）。

第Ⅱ部　新戦法論

故に兵に常勢なく、水に常形なし。能《よ》く敵に因《よ》りて変化して勝を取る者は、これを神と謂《い》う。

——孫子《そんし》

戦争の指揮は、医者が病人の治療をするのと同じように、一種の芸術である。

——フラー

「軍事革命」という言葉が、今日の各国軍隊の間で流行している。それはマイケル・ジョーダンにNBAファンが熱狂するのと変わらない。どんな新しい事物の出現もそれなりの必然性があるけれども、それ以外に、アメリカ人が流行をつくりだすのが上手であることが大きな原因かもしれない。さまざまな問題で世界を牛耳ろうとしたがるアメリカ人は、売れそうな見込みのあるものをアメリカ風に包装してから、全世界にダンピングするのに長《た》けている。多くの国はアメリカ文化の侵入を心配し、ボイコットしているが、軍事革命問題に対する見解となると、単純にアメリカのものをそっくり真似しているだけである。

その結果は当然、アメリカが風邪をひくと、全世界がくしゃみをすると容易に推測できる。ステルス技術を重視し「ステルスの生みの親」と称されるアメリカのペリー前国防長官は、訪米した中国の学者から「アメリカの軍事革命の重要な成果と理論の進展は何か」と質問されて、即座にこう答えた。「もちろんステルス技術とＩＴだ」

ペリーの回答はアメリカ軍当局の主流となる見解――軍事革命とはすなわち軍事技術革命である――を代表している。ペリーらから見れば、兵士たちが山を前にして「山の後ろに何があるか」を知ろうとする難題を技術的に解決しさえすれば、それはこの軍事革命を完成したことに等しいということになる(1)。

技術という角度から問題を観察し、考え、解決するやり方は、典型的なアメリカ式の思考である。その長所と欠点はアメリカ人の性格と同じように一目瞭然《りょうぜん》だ。

技術革命イコール軍事革命という観念は、湾岸戦争のイメージ演出によって、全世界の軍隊に強烈な衝撃と影響を与えた。このような状況下で、十分に冷静さを保てる人はほとんどいないし、アメリカ人によって始まった誤解が全世界のグローバル革命に対する誤解を引き起こしつつある、という事態に気がついた人はなおさらいないのだ。

「ハイテクで軍隊建設を」というスローガンが、太平洋の台風のように、ますます多くの国に上陸し、(2)太平洋の西にある中国でもほとんど同時に、これに呼応する反響が起こった。

軍事技術革命が軍事革命の基盤だということは否定できない。しかし、それはどうあろうと、軍事革命の全部と見なすことはできない。それは、せいぜい疾風怒濤《どとう》のような道程の第一歩にすぎないのである。

軍事革命の最高の体現と最終的な完成は軍事思想の革命に帰結するのであって、軍事技術や編成体制の変革という形而下《けいじ》のレベルにとどまるだけということはありえない。軍事思想の革命とは、つまるところ、作戦の様式と方法の革命なのだ。軍事技術の革命にしろ、編成体制の改革にしろ、その最終的な結果はいずれも作戦の様式と方法の改変に立脚するものである。この改変が完成して初めて、軍事革命が成熟したといえる。(3)

軍事技術革命を軍事革命の第一段階と称するならば、われわれは今、この革命の極めて重要な第二段階にある。完成間近な軍事技術革命は新たな段階のために十分なクッションを準備するとともに、この段階のために思想的な作業を行ってきた人たちに実に大きな難題を与えた。軍事技術革命によって、私たちは必ずやさらに広範囲の選択肢を持つようになるが、それと同時に同様の範囲内でこれらの手段がもたらす脅威に直面することにもなろう（なぜなら技術を独占することは今日《こんにち》、技術を発明することに比べはるかに難しいからだ）。

こうした脅威が、手段の多様化によって今日ほど際限なく広がったことはなく、人々はつまらぬことにもびくびくするようになった。いかなる方向、いかなる手段、いかなる人間もすべて、国家の安全にとって潜在的な脅威となりうる。脅威の存在を確かに感じ取ることができる以外は、脅威がどこからくるかを、すぐにははっきりさせることが難しい。長い間、軍人にしろ政治家にしろ、決まったパターン——すなわち、国家の安全に脅威を与える主要な要素は、敵国または潜在的な敵国の軍事力である——で思考することに慣れてきた。ところが、二〇世紀の最後の一〇年に起きた戦争と重大な事件は、こうした思考パターンをくつがえすような証拠を、じっくりとわれわれに示した。軍事的脅威はすでに国家の安全に影響を及ぼす主因ではなくなったのである。

人類の歴史と同様に古い領土紛争、民族紛争、宗教衝突、勢力範囲の分割などが、相変わらず人間が互いに武力に訴える大きな要因になっている。だがこれらの伝統的な要因は、資源の強奪、市場争奪、資本の統制、貿易制裁などの経済的要素とますます絡み合うようになり、ひいてはこれらの要素が一部の国家の政治、経済、軍事上の安全を脅かす新しい形態をつくっている。

これらの形態は外観上、軍事的色彩が全くないことから、一部の観察者たちによって「準戦争」あるいは「類似戦争」と呼ばれている。(4) だが、それによって攻撃される領域での損害は、決して純軍事戦争のそれに劣るものではない。例えばジョージ・ソロス、ビンラディン、エスコバー、麻原彰晃《あさはらしょうこう》、ケビン・ミトニック(5)などの名前を挙げるだけで十分だろう。

いったいいつから戦争を起こす主体が主権国家だけではなくなったのか、誰も正確に指摘することはできない。しかし、日本のオウム真理教、イタリアのマフィア、極端なイスラム・テロ組織、コロンビアや「金新月」の麻薬組織、陰険で本心を推測しがたいハッカー、莫大《ばくだい》なヘッジファンドを持つ金融投機家など、目標が明確で、意志が強く、偏執狂的性格を持つ精神がアンバランスな者であれば、誰でも軍事的あるいは非軍事的戦争を起こす可能性を持つのである。

彼らが使用する兵器は飛行機、大砲、毒ガス、爆弾、生物化学兵器かもしれないし、コンピューターウイルス、インターネット拾い読み器、金融派生商品という手段かもしれない。一言で言えば、すべての新技術が提供できる戦争の新方式、侵略の新手段は、さまざまな形での金融攻撃、インターネット攻撃、メディア攻撃あるいはテロ襲撃を行う、これらの狂気じみた分子に利用される可能性がある。これらの攻撃はほとんどが軍事行動ではないが、抑圧行為か、あるいは自分の利益要求を満たすよう他国に強制する戦争行為に等しいと見なすことができる。軍事戦争と同様か、あるいはそれ以上に破壊力の大きいこれらのパワーは、われわれが理解している国家の安全にこれまでとは違った、多重方向の重大な脅威をすでにもたらしていることは明白である。

こうした状況下で、視野をちょっと広げさえすれば、地縁概念に基づく国家の安全観がすでに時代遅れになっていることが見て取れる。国家の安全に重大な脅威を構成するものは、当該国の自然空間に対する敵対勢力の武力侵犯にとどまらなくなっている。数カ月の間に通貨が数十％下落し、経済が崩壊に瀕《ひん》したタイやインドネシアは、軍事的打撃と経済制裁という二重の抑制を被ったイラクと比べ、国家安全指数の低落の程度では、恐らくほとんど差がなかったであろう。

冷戦後唯一の超大国となったアメリカでさえ、最強の国家は往々にして敵が最も多く、受ける脅威も最も多い国であることを認識している。アメリカの『国防報告』はここ数年、一〇種類の主要な脅威のトップに「アメリカの利益を敵視する地域強国」を挙げているほか、「テロリズム、同盟国政府の安定に危害を及ぼす転覆活動と無政府状態、アメリカの繁栄と経済成長に対する脅威、不法な麻薬取引、国際犯罪」をアメリカに対する脅威と認定した。これによって、自国の安全に危険を及ぼす可能性の多重空間に対して、捜索の範囲が広がった。(6)

その実アメリカにとどまらず、現代の主権観を信奉するすべての国が、すでに安全の境界を政治、経済、資源、民族、宗教、文化、ネットワーク、地縁、環境、宇宙など、さまざまな領域にまで意識的に拡大している。(7)このような「汎《はん》国境概念」は、現代の主権国家が生存・発展し、世界で影響力を勝ち取る上での前提である。

これに比べると、国防を国家利益の主要な安全目標とする概念はやや陳腐化するか、少なくとも非常に不十分なものである。「汎国境概念」に相対応するのは、国家利益を包容する全方位の新しい安全概念であるべきである。それが配慮するものは、国防安全の問題に絶対にとどまるものでなく、国家の安全、経済の安全、文化の安全、情報の安全など各方面の安全上の必要をすべて、躊躇《ちゅうちょ》なく自らの目標領域に収めることである。これは、伝統的な領土・国境概念を国家の利益国境概念へと昇格させた「大安全観」である。

この種の大安全観はその積み荷が増えることにより、目標の複雑化と目標実現の手段・方式の複雑化をもたらした。このため、国家安全の目標を確保するものとして、国家戦略、すなわち通常いうところの大戦略を実現し、軍事戦略ひいては政治戦略を超えた調整をする必要がある。また国家利益の安全指数全体に及ぶあらゆる面に対し、全般的な考慮を払い、政治（国家意志、価値観、結集力）、軍事的要因と経済、文化、外交、技術、環境、資源、民族などのパラメーターを一緒にする必要がある。こうして初めて、国家の利益と国家の安全を重ね合わせた完璧《かんぺき》な〝汎国境〟――大戦略態勢図を描くことができるのである。

この態勢図の前に立つと、誰もが自分の能力の不足を慨嘆するであろう。これほど数が多く、多方面にまたがる巨大な領域、これほど複雑で相互に衝突する利益、これほど錯綜《さくそう》し、ひいては互いに排斥し合う目標。どうして、一種類の統一された単一の手段と方式で目的を実現できようか。例えば、クラウゼビッツが「流血の政治」と称した軍事的手段で、東南アジアの金融危機を解決できるだろうか。あるいは同様の方式で、インターネット上に神出鬼没するハッカーに対処できるだろうか。

答えは言わなくとも明瞭である。大安全観のレベルで国家の安全を保障するには、剣を持つだけでは不十分である。現代国家という巨大ビルの円い屋根は、軍隊という一本の支柱だけではとても支えきれない。ビルが倒れないようにするカギは、国家の利益にかかわるすべての領域がどの程度力を合わせられるかにかかっている。このような「合力」があれば、さらにこの合力を実際に操作できる方式や方法に変えることが必要になる。

これは当然、軍事と非軍事という二大領域間ですべての次元、すべての手段を組み合わせて戦争を行う「大戦法」であるべきである。従来の戦法がもたらした方式と違って、この大戦法は生まれたときから、国家の安全に影響を及ぼすあらゆる次元を内包し、超越する全く新しい戦争形態を必ず作り出すであろう。もっともこの全面的戦法の原理は、何も複雑ではなく、実にシンプルな単語で言い表される――組み合わせである。

「道は一を生じ、一は二を生じ、二は三を生じ、三は万物を生ず」。二にしろ、三にしろ、万物はいずれも組み合わせの結果である。組み合わせによって豊富になり、組み合わせによって無数の変化が生じ、組み合わせによって多様性が生まれる。組み合わせは現代の戦争手段をほぼ無限に増加させ、これまで人々が現代の戦争に付与してきた定義——すなわち現代的な兵器と作戦方式で行う戦争——を根本的に変えてしまった。

言い換えれば、手段の増加が兵器の役割を縮小すると同時に、現代戦争の概念を拡大したのである。手段の選択から戦場の範囲にまで大きくくり広げられた戦争の前では、ただ軍事手段に頼って勝利の旭日《きょくじつ》を迎えたいという願望も、恐らくその大半は「その身が山中に」迷い込んで願望もふいになるだけであろう。目下、勝利の野心を抱いているすべての軍人と政治家たちがなすべきことは、視野を広げ、よく時勢を見、大戦法という杖《つえ》に頼って、伝統的な戦争観という迷霧を払いのけることだ。

山から出て日の出を迎えよう。

注

（1）軍事科学院の陳伯江大佐は訪問学者としてアメリカに滞在しているとき、アメリカ軍事界の多くの要人を取材した。陳伯江がペリーに「アメリカの軍事革命がもたらした最も重要な成果と理論上の突破は何か」と聞くと、ペリーはこう答えた。「最も重要な突破はもちろんステルス技術だ。これは大きな突破躍進であった。だが、われわれは全く異なる分野でも、同様に重要なＩＴの発明をすることができた。ＩＴは、兵士たちが数世紀にわたって解決を求めていた問題を解決した。それはつまり、山の後ろに何があるかということだ。数世紀の間、この問題の進展ははなはだ緩慢だった。しかし最近の一〇年で技術が急速に進展し、この問題の解決に革命的な方法が生まれた」（『国防大学学報』一九九八年第一一号、p.44）。スタンフォード大学工学部教授のペリーは、もちろん技術の角度から軍事革命を観察し理解したいと思っている。彼は疑いもなく軍事革命の唯技術論者である。

（２）『一九九七年世界軍事年鑑』は「軍事情勢総括」の中で次のように指摘している。「一九九五～九六年の軍事情勢の顕著な特徴は、一部の主要国が質の高い軍隊を建設するという枠組みの中で、『ハイテク建軍』を突出させたことだった」。アメリカは戦場のデジタル化の実現を目標に、ハイテク建軍の方針を確立した。日本は新自衛隊整備大綱を立案し、「少数精鋭だが効果的なハイテク化軍事力」の樹立を要求した。ドイツは「デルフィー報告書」を提出し、八項目の先端技術の上に突破を実現しようと計画した。フランスは軍隊の「技術的資質」を高めるため、新しい改革案を打ち出した。イギリスとロシアも動いている。一部の中小国家も争って先端兵器を購入し、これによって軍隊のハイテク水準を「一気に達成」しようとしている（『一九九七年世界軍事年鑑』解放軍出版社、一九九七年、p.2）。

（3）軍事技術革命を軍事革命と同等に考える見方を別として、多くの人は軍事革命を、新技術、軍隊の新編成および新軍事思想と結びついた産物と見ている。例えば、アメリカ陸軍大学戦略研究所のスティーブン・マイツとジェームス・カイビットは、彼らの研究報告『戦略と軍事革命――理論から政策まで』の中で、「軍事革命とは、軍事技術、兵器システム、作戦方法、軍の組織体制など諸々《もろもろ》の方面において同時にかつ、相互に促進し合う変化であり、軍の作戦効果に飛躍（あるいは突破）をもたらす」と述べている（アメリカ陸軍大学戦略研究所の研究報告『戦略と軍事革命――理論から政策まで』）。また、アメリカの戦略・国際問題研究センターの軍事革命に関する研究報告も、軍事革命とは多くの要素が相互に作用する結果だと考えている。しかし、トフラーが軍事革命を文明の交代と同等のものと見なしているのは、大げさで妥当ではない。

（4）趙英著『新国家安全観』を参照。

（5）ジョージ・ソロスは金融投機家。ビンラディンはイスラム原理主義者。エスコバーは悪名高い麻薬王。麻原彰晃は日本の邪教「オウム真理教」の教祖。ケビン・ミトニックは有名なコンピューター・ハッカー。

（6）アメリカ国防長官は一九九六、九七、九八財政年度の『国防報告』の中で、アメリカが直面している多くの脅威に言及した。ただし、こうした広い視野は必ずしもアメリカ人が自覚的に保持できる観察水準ではない。一九九七年五月、アメリカ国防総省が発表した『四年ごとの国防審査報告』はその第一部「グローバルの安全環境」の中で次のように述べている。アメリカの安全は一連の挑戦に直面するだろう。第一に、イラク、イラン、中東、朝鮮《ちょうせん》半島の地域からくる脅威。第二に、デリケートな技術の拡散、例えば、核、生物化学兵器およびミサイル技術、IT、ステルス技術など。第三に、テロ活動、違法な麻薬取引、国際的な組織犯罪と移民へのノーコントロール。第四に、アメリカ本土に対する大規模殺傷兵器の脅威。「二〇一五年までは、アメリカに対抗して勝手に振る舞うことのできる国が出現する可能性は小さいが、二〇一五年以降になると、地域の強国あるいは力が相匹敵するグローバルな敵が現れる可能性がある。一部の人は、ロシアと中国の将来は予測できないが、このような敵になる可能性があると見なしている」。この国防長官事務室と統合参謀本部との共同作業による報告書は、明らかに半分が真実、半分が空しい幻のいわゆる軍事脅威の中に溺《おぼ》れている。この報告書に基づいて作成された一九九七年のアメリカ『国家軍事戦略』は、脅威についての分析の中で、「不可知の要素」という一節を設けて、アメリカ人の未来の脅威に対する不安心理を表している。

(7) オーストラリアのモハン・マリク・ジュニアは二一世紀の国家安全に影響を及ぼす七つの趨勢《すうせい》を指摘している——グローバルな経済、グローバルな技術拡散、グローバルな民主化の潮流、多極化した国際政治、国際システムの質的な変化、安全（保障）概念の変化、衝突の焦点の変化。これらの趨勢の総合的作用が、アジア・太平洋地域の安全に脅威を与える二つの衝突の根源を形成している。第一は伝統的な衝突の要素——大国の覇権をめぐる争い、成功した国家民族主義の膨張、領土と海洋権益をめぐる紛争、経済競争、大規模な殺傷兵器の拡散である。第二は未来の衝突を引き起こす新しい根源——衰えつつある国家の民族（種族）主義、文化や宗教信仰の衝突、致命傷を与える軽兵器の拡散、石油・漁業・水資源をめぐる紛争、大量難民と人口の移動、生態系の破壊、テロリズムである。これらすべてが二一世紀の国家安全に多重の脅威を与えている。国家安全に関するこのオーストラリア人の見解は、アメリカ政府のそれより、ややすぐれている（詳細については、アメリカ『比較戦略』一九九七年第一六期を参照）。

第五章　戦争ギャンブルの新たな見方

二一世紀の戦争を担う芸術の巨匠は、戦術、戦役、戦略の目標を達成するために、革新的方式をもって各種能力をあらためて組み合わせる人物である。

――イル・テルフォーデ

すべてが変化している。技術が爆発的に進歩し、兵器が更新され、安全観念が広がり、戦略目標が調整され、戦場の限界が曖昧《あいまい》となり、非軍事手段と非軍事要員が戦争に巻き込まれる範囲と規模が拡大する……。すべての変化が一点に絞られたとき、われわれは戦法の革命の時代がすでに到来したと信じるのである。この革命は、一つひとつの変化のためにそれと対応する戦法を求めるものではなく、すべての変化のために共通の戦法を見つけ出すものである。言い換えれば、未来の戦争の千変万化の局面のために、一をもって万に対応する新しい見方を探そうとするものだ(1)。

●戦雲の陰影を取り払う

未来の戦争を見た人がいるだろうか。いや誰もいない。ところが、そのさまざまなシーンは、すでに占い師のような予言者の口を通して、低俗なアニメのようにわれわれの脳裏のスクリーンにストップモーション化されている。宇宙の軌道上における人工衛星同士の殲滅《せんめつ》戦から太平洋の深海における原子力潜水艦の角逐、ステルス爆撃機が投下する精密誘導爆弾から、イージス巡洋艦が発射する巡航ミサイルまで、（ハイテク兵器が）天空、地上を問わず全面的に覆い、その数は少なくないと言うべきである。

中でも最も代表的なものとしては、アメリカ軍デジタル化部隊がフォートアーウィン国家訓練センターで行った実兵演習の記述以上のものはない。「ブルー部隊」のデジタル化部隊を演じる指揮センターでは、コンピューターが衛星と「ユナイテッドスター」機から送られてくる情報を不断に入力、処理している。早期警戒機が空域全体を監視している。戦闘爆撃機が衛星と早期警戒機の誘導の下で、精密爆弾を使って目標を攻撃している。装甲車兵団と戦闘ヘリが交代で敵に立体攻撃を行っている。歩兵たちがラップトップ・コンピューターを通じて指令を受け、ヘルメット・スコープ付きの自動火器で標的を撃っている。

最も異彩を放つのは、ある兵士がマウスを五回連続クリックし、自軍の砲兵と航空兵の強力な火力を、山の裏側にいる敵の戦車群へと誘導する場面だった。三〇秒後、彼のパソコンのモニターには、敵の戦車に命中という表示が現れた。

モハーベ砂漠で実施された今回の演習では、「二一世紀の陸軍」と称し、かつ全面的にデジタル化装備をした「ブルー部隊」が、最終的には一勝六敗一分けに終わり、伝統的装備の「レッド部隊」に負けた。だがこのことは、コーエン国防長官が演習終了後の記者会見で「みなさんはここで軍事革命を目撃したと思う……(2)」と宣言するのを妨げるものではなかった。

明らかに、コーエンが指す軍事革命はわれわれが前に述べた、あの予言者たちの理解している戦争とぴったり同じものだった。

勝者はいつも勝利の軌道の上を慣性のまま滑走していきたいと思っている。ベルダンの塹壕《ざんごう》に頼って第一次世界大戦に勝ったフランス軍が、次の世界大戦でもマジノ防御戦で勝ちたいと考えていたように、湾岸戦争で勝利を収めたアメリカ軍も、二一世紀に再び「砂漠の嵐」式の満足を引き続き味わいたいだろう。シュワルツコフのように栄誉を手にしたいと思っているアメリカ軍将軍の一人ひとりが、次の世紀の戦争は決して湾岸戦争の簡単な再演ではありえないとわかっているにもかかわらずだ。

このため、彼らは硝煙がまだ消えないうちに、もうアメリカ軍の兵器装備を更新し、在来の作戦理論と編成体制の調整も始めた。『二〇一〇年の統合部隊の構想』から『明後日の陸軍』まで、未来のアメリカ軍の枠組みとアメリカ式戦争の構想を、全世界の軍人はみな目にした。建物は高く立派に聳《そび》え立ち、その気概は非凡なものと言ってよい。ところが、あにはからんや、アメリカ人の視野の盲点がまさにここに表れているのである。

現在までのところ、われわれが見ることのできるアメリカ軍の兵器装備の発展方向、国防政策の変化、作戦理論の進展、規定と規定の更新、上級将軍たちの言論などは、すべて一つの方向に疾走している。それはすなわち、軍事手段が未来の衝突を解決する最後の手段であり、すべての国家間の争いは結局、戦場での双方の戦闘いかんに帰結すると認定することである。

こうした前提の下に、アメリカ軍はほぼ同時に二カ所の戦争で勝つという要求を自ら提起し、そのために十分な準備を行った。(3) しかし問題は、ペンタゴンの中で統合参謀本部前議長のパウエル将軍ほど、次の事態を冷静に認識している人物がいないことだ。アメリカは現在、大部分の精力を「二度と来そうにもない冷戦式の戦争」を再度行う点に集中しているが、自らの力を間違った方向へ使っている可能性が十分あるのではないか。(4) というのは、二〇世紀末の国際情勢がはっきりと示しているように、およそ戦争はすべて兵器を動かすものだという時代がまだ過去の歴史となったわけではないが、観念としては明らかに時代遅れになり始めている。

各種の軍備競争、兵器拡散を制限する国際条約が増えるにつれ、また、局地戦争や地域紛争に対する国連および地域国際組織の干渉の度合いが増大していくにつれて、国家の安全に対する軍事上の脅威はすでに相対的に減少している。これとは逆に、大量のハイテクの出現によって、非軍事手段を運用して他国の安全を脅かす可能性が大幅に増えている。国際社会は、このような損害度が戦争にも劣らない非軍事的脅威の前では、なすすべもないか、少なくとも必要な、かつ有効な制限手段を持っていない。

これは非軍事戦争の形態の生成を客観的に加速すると同時に、旧来の国家安全観念とシステムを崩壊の瀬戸際まで追い込んでいる。ますます激化するテロ戦のほかに、それを追い越す勢いを見せているハッカー戦、金融戦、コンピューターウイルス戦、それに今のところ命名しにくいさまざまな「新概念戦争」が、「国門の外で敵を防ぐ」という安全観を一夜にして過去のものにしてしまった。

軍事的な脅威と非軍事的な脅威の消長に、アメリカの軍事界は注意を払っていなかったわけではない（この点については、われわれはアメリカ国防総省の『国防報告』を紹介した際、すでに指摘した）。しかし彼らは後者の課題解決を政治家や中央情報局（ＣＩＡ）に任せ、自分たちは、すでに打ち出されていた全次元作戦、非戦争軍事行動などの新しい観点からも後退し、ますます縮こまって、各種の先端兵器の果実がたわわに実った「待ちぼうけの木」になり果て、愚かな兎がその木にぶつかるのを待つだけとなった。サダム・フセインがこの木にぶつかって気を失った後、はたして誰がこのような二匹目の兎になるだろうか。

ソ連の崩壊によって好敵手を失ったアメリカ軍は、「剣を抜いて辺りを見回すと茫然《ぼうぜん》とする」といった気持ちに駆られ、自分が「失業」しないですむ理由を懸命に探し求めている。将軍から兵士に至るまで、進攻の矛から護衛の盾に至るまで、大戦略から小戦法に至るまで、アメリカ軍がやっているすべてが大戦で勝利を収めるための準備である。

いったん両軍の対峙《たいじ》がなくなると、アメリカ議会でさえ目標を失ったような物寂しい気持ちになった。その結果、敵がいなければ敵をつくろうということになった。そのため、コソボのような弾丸の地さえも、彼らは鋭い刃《やいば》を試すチャンスとして逃がそうとしなかった。武力に訴えるか、さもなければ何もしないかという取るに足りない問題でますます頭を悩ませているアメリカ軍事界は、自分の触手を戦争の領域から非戦争軍事行動の領域へと伸ばしたようだが、それを、現在形成されつつある広大な領域まで伸ばすことを承知しなかった。

これは、新しい事物に対する敏感さを欠くためかもしれないし、職業的習慣によるものかもしれないし、さらには思考の限界がもたらしたものかもしれない。いかなる原因にせよ、アメリカの軍人が自分の視野を一貫して、戦雲の立ち込めた範囲内に閉じ込めておいたことは疑う余地がない。

アメリカは、こうした非軍事戦争の脅威の前では真っ先に矢面に立たされ、しばしば被害者になっているが、不思議なことに、このような大国が新しい脅威に対処する統一的な戦略と指揮機構を持っていないのである。さらに泣くに泣けず笑うに笑えないのは、四九もの部局が反テロ活動の責任を負いながら、相互の間でめったに呼応し、協力する態勢を取らないことだ。

その他の国はこの面では、アメリカとそれほど変わらない。各国の安全保障面での支出は、依然として軍隊と情報部門に投入され、他の方向への投入はスズメの涙ほどである。やはりアメリカを例としてみると、テロ対策の年間費用は七〇億ドルで、二五〇〇億ドルに上る軍事費の三五分の一しかない。

各国が間近に迫った非軍事戦争の脅威に対しどんなに知らぬ顔をしていても、この客観的事実は自らの法則と速度に基づいて膨張し、広がり、一歩一歩、人類の生存を脅かしている。指摘するまでもないが、人類が平和の呼びかけや戦争の阻止に多くの注意力を集中しているときに、もともとわれわれの平和的な生活の一部だった多くの事物が、平和を傷つける凶器へと次々と豹変《ひょうへん》しているのだ。

われわれがこれまで金科玉条としてあがめてきた原則さえ背反する傾向を見せ始め、一部の国が他の国へ、あるいは一部の組織や個人が社会全体へ攻撃を仕掛ける手段と化している。コンピューターがあればコンピューターウイルスがあり、貨幣があれば金融投機があるのと同様に、信仰の自由と宗教極端主義・カルト教団、普遍的人権と国家主権、自由経済と貿易保護、民族自治と地球一体化、民族企業と多国籍企業、情報の開放と情報の境界、知識の共有と技術の独占の争いが、どの領域においても、明日起きるかもしれず、異なる人と人の群れの間では殺し合いの戦争が勃発《ぼっぱつ》するかもしれない。

戦場はすぐそばにあり、敵はネットワーク上にいる。それは硝煙の味もしなければ、血なまぐさい臭いもしないかもしれないが、それは依然として戦争である。なぜなら、それは現代戦争の定義、すなわち、自らの利益を満足させるよう敵に強制することに合致しているからだ。このような軍事的空間を超えた新しい戦争に対しては、十分な精神的準備をしている軍人はどこの国にもいない。しかしこれは、すべての軍人が正面から相対しなければならない厳しい現実なのである。

新しい脅威は新しい国家安全観を求めており、新しい安全観は軍人に対し、勝利を広げる前にまず視野を広げるよう求めている。それはつまり、目を遮っている戦雲の細長い陰影を取り払うことだ。

●ルールの破壊と失効した国境

生存と利益の衝突を解決するための極端な方式として、戦争は一度も人類の調教を受けたことのない猛獣である。戦争は一方では社会生態系の清掃人であり、もう一方では人類の生存に対し直接的脅威を構成している。いかにそれを駆使し、同時にまた、それに傷つけられないようにするか。

数千年の間、とくに二〇世紀になって以来、人類は頻発する戦火の合間に、終始一貫して猛獣を檻《おり》の中に閉じ込めるという努力をしてきた。このために、人類は数えきれないほどの条約と規則を制定した。有名なジュネーブ条約から、国連が今でも不断に行っている戦争に関するさまざまな決議に至るまで、狂気じみて血なまぐさい戦争の獣道に何重もの柵《さく》を立て、国際法のルールを用いて、人類に与える戦争の損害を最小限にくい止めようとしてきた。

それは、生物化学兵器を使用してはならない、民間人をみだりに殺してはならない、捕虜を虐待してはならない、地雷の使用を制限するなどの具体的なことから、国家関係の問題を処理する上で武力を行使したり、あるいは武力で威嚇することに反対するといった広範なことまでを含んでいる。すべてのこうしたルールは、すでに各国に広く受け入れられている。そのうち最も称賛すべきものは、核不拡散、核実験禁止、二国間または多国間の核兵器削減など一連の条約であり、これによって人類は今に至るも核の冬に突入するのを免れてきた。

冷戦終結後、全世界は互いに喜び合い、「恐怖の平和」から抜け出ることができたと考えた。シュワルツコフが湾岸というリング上で、「嵐」のパンチをサダム・フセインに浴びせ、ノックアウトした後、ブッシュ大統領は「世界の新秩序はすでに最初の試練を耐え抜いた」と、得意満面だった。彼は、往年ミュンヘンから帰ってきたチェンバレンのように、人類が「平和の希望を備えた世界に集まるだろう」と宣言した。ところが結果はどうだろう。チェンバレンと同じように、ブッシュは大きな口をたたくのが早すぎたのである。(5)

冷戦の終結にしろ湾岸戦争の終結にしろ、いずれも政治家たちが約束し、全人類が予測した国際新秩序を世界にもたらさなかった。二極世界の崩壊によって、局地戦争という猛獣が檻の中から出てきて、ルアンダ、ソマリア、ボスニア、チェチェン、コンゴ、コソボなどの国家と地域を、次々と血の海にしてしまった。このときになって、人々はやっと、数千年、数百年の平和の努力がなんとただの一撃にも耐えられないことをあらためて発見したのである。

このような局面の出現は、各国が国際ルールの樹立に対し、みなプラグマチックな態度を取っていることと関係がある。各国はルールを認めるか否かについて、往々にして自国に有利かどうかしか見ない。小国はルールを通じて自らの利益を守りたがり、大国はルールをもって他国をコントロールしようと企《たくら》んでいる。ルールが自国の利益と一致しないとき、大国にしろ小国にしろ、いずれも自らの目的達成のためならルール違反を犯すことも惜しまない。

一般的に言えば、小国がルール違反を犯したら、大国が法の執行者の名目でそれを糾《ただ》すことができる。しかし、大国がルール違反を犯した場合は、例えばアメリカがパナマで国家の法執行権を越えて、他国の首脳を捕まえアメリカに連行して裁判にかけたことや、インドが核実験禁止条約を無視したり、クウェートを併合したイラクと同様にヒマラヤ山脈の小国シッキムを併合したことなどを見てもわかるように、国際社会はどうしようと叫ぶばかりで、施すべき方法がなかった(6)。

しかし、中国の諺《ことわざ》で「にがりをたらせば豆腐も固まる」というように、何事にも苦手や天敵がいる。ルールの制定に参加しルールを利用しながらも、ルールが自分に不利になるとそれを無視し、ひいてはそれを破壊する大国の前では、国際社会は軟弱で無力である。それとは対照的に、どんなルールも認めず、すべての現存する国家の秩序破壊を目標とする非国家的勢力が急成長し、国際社会とくに一部の大国の天敵として、彼らは人類の生存を脅かすと同時に、社会的生態系のバランスに微妙な影響を及ぼしている。

言い換えれば、これらの非国家的勢力は一種の社会的破壊力として、国際社会の正常な秩序を破壊もし、一部大国の国際社会破壊をも牽制《けんせい》しているのだ。例えば、無名のハッカー(7)がインドの核実験後、インド国防省のホームページに警告の意味を込めて侵入したことや、ムスリムの大富豪であるビンラディンが、中東におけるアメリカのプレゼンスに不満を持ち、次々とテロ行動を起こしていることが、そうである。われわれがこれらの行動の作用に対し、積極的か、あるいは消極的かの境界判断をするのは難しいが、これらの行動がすべてルール無視、無責任という破壊的な特徴を持っていることだけは確かである。ルールが破壊された直接的結果として、国際社会が認定し、有形無形の境界をもって画定するという国境は、その効力を失ってしまった。というのも、非軍事の戦争行動をもって国際社会に宣戦布告しているすべての非国家的勢力の主体は、いずれも超国家、超領域、超手段の方式で登場しているからだ。

有形の国家の境界や、無形のネット空間、国際法、国家法、行為の準則、倫理道徳などはすべて彼らにとっては、なんの拘束力も持たない。彼らはどんな人にも責任を負わず、手段の行使の上ではいかなるルールにも制限を受けない。目標の選択ではその列に連ならないものはなく、手段の行使では使わないものはない。彼らは行動が秘密なために隠蔽《いんぺい》性が強く、行為が極端なために広範囲の危害をもたらし、無差別に一般人を攻撃することによって、その異常さ・残忍さを示している。これらはすべて現代のメディアを通じてリアルタイムに、連続的に、高い視聴率で宣伝され、その恐怖の効果を大いに増幅する。これらの連中との戦いは、宣戦布告もなく、固定した戦場もなく、正面からぶつかる殺し合いもないし、大部分の状況下では硝煙や砲火や流血もないだろう。しかし国際社会が受ける破壊と苦痛は、軍事的な戦争に勝るとも劣らない。

もっぱら誘拐、暗殺、ハイジャックを専門とする古いテロリストが徐々に時代の舞台から去っていくにつれて、新しいテロリスト勢力が急速に成長し、先輩たちの残した真空地帯を素早く埋めた。わずか十数年の間に、無名の輩《やから》から全世界に広がる災厄のもとになったのは、コンピューターのハッカーたちだ。パソコンの普及、とくにインターネットの普及により、ハッカーたちの悪質行為が日増しに現行の社会秩序に危害を及ぼしている。

われわれがここに言うハッカーとは、インターネット上で情報を盗み、ファイルを改竄《かいざん》し、ウイルスをばら撒《ま》き、預金を不法に移し、プログラムを壊すネット上の殺し屋のことを指す。悪意を持たないハッカーと区別するために、前者を「ネットチンピラ」、「ネット親分」と呼んだ方がぴったりかもしれない。

彼らの現在の世界に対する破壊力は驚くべきものがある。ハッカーの活動初期の一九八八年ごろ、人々はその危険性を何も知らなかった。ロバート・モーリスが設計した小さな「虫」が朝の時間帯に、アメリカ国防総省の「長期計画局」、ランド・コーポレーション研究センター、ハーバード大学を含むアメリカ全土の軍用・民間用のコンピューターシステムの六〇〇〇台にも上るコンピューターを麻痺《まひ》状態に陥れた。その後、こうした事件がインターネットのつながる国家と地域で次々と起こり、尽きることがない。

九〇年からアメリカ政府がネット犯罪の取り締まりを強化し始めて以来、ハッカーの活動は減少するどころか、逆に全世界に広がり、燎原《りょうげん》の火のごとき勢いを見せている。注目に値するのは、アメリカ軍の『情報作戦』規定が敵国の軍隊、あるいは政界の好敵手を、無許可のユーザー、内部関係者、テロリスト、非国家組織、外国情報機関と並列でインターネット上の六つの脅威源とした後、国家や軍隊をバックに持つハッカーがその（存在の）手がかりを示し始めたという点である。(8)

このことは、ハッカーの陣営を大いに強化しただけでなく、ばらばらの兵隊だったハッカー（ネットチンピラ）の行動を急速に国家（ネット親分）的行為へと昇格させた。これによって、すべての国（国家専属あるいは軍専属のハッカーを持つ国をも含む）が直面するインターネット上の脅威はますます大きくなり、その脅威を予測し防止することがますます難しくなっている。

唯一予見できることは、このような脅威がインターネット大国アメリカに与える危害は、必ず他の国よりも甚大であるということだ。こうした将来について、アメリカ連邦捜査局（FBI）のコンピューター犯罪捜査責任者J・サートルも、自信半分憂慮半分でこう語っている。「選抜されたハッカー一〇人を私にくれれば、私は九〇日以内にこの国を降伏させることができる」

「ネットチンピラ」である、これらのインターネット・テロリストに比べると、ビンラディンの爆弾テロは系統的には伝統的なテロリズムに近い。しかし、このことは、われわれが彼を新テロリズムに加えるのを必ずしも妨げるものではない。というのは、ビンラディンには、宗教的、あるいは邪教的背景と大国の支配に反抗する傾向が見られるほか、虚勢を張り、大衆への売り込みに熱中し、軽火器を使い、手法が単一であるという古い闘士の残影がまだうかがえるが、ほかの面では、同日の論ではないからだ。

ナイロビとダルエスサラームのアメリカ大使館で世界を震撼《しんかん》させる大爆発が起きる前は、ビンラディンの名前は、国際反テロ組織が公表していた三〇のテロ組織のリストの上位に全くランクされていなかった。彼はそれまで多くの流血事件を起こしていたにもかかわらず、ずっと声を立てて騒がなかったため、イスラム世界の「無名の英雄」にすぎなかった。アメリカ人が彼に向けて巡航ミサイルを発射し、逮捕令状を出した後も、彼は爆発事件との関与を再三否認した。「身を隠し姿を見せず」、実際の効果を重んじ、虚名を追い求めないというのがビンラディン流の新テロ組織の最大の特徴かもしれない。

彼らはこのほか、経済的手段を利用し、西側が唱える自由経済の隙間に潜り込むことも習得した。彼らは会社や銀行の設立、大規模な麻薬販売や密輸、兵器の闇取引、巨額の偽札作り、および宗教メンバーの寄付金を通じて安定した資金源を獲得した。(9)

こうした基礎の上に、これらの新テロ組織は触手をさらに広い領域へと伸ばし、その手段も、宗教組織あるいは邪教組織を利用したり、自分の宣伝媒体を発展させたり、反政府系民兵組織をつくるなど、ますます多様化している。資金面に余裕があるから、彼らは大量のハイテク手段を手に入れ掌握し、より多くの人間をやすやすと殺すことができるようになった。

今までのところ、彼らが発動した攻撃は、大部分が裕福な国と西側の国、とりわけ他の国をコントロールする能力を持つ国を対象としたが、彼らが既存の秩序や公認されているルールを破壊することで、国際社会の共通した脅威となった。すでに明らかになっている状況から見れば、現在化けの皮がはがれつつあるこれらの新テロ組織は、新しい世界的なテロ活動が起こしたいくつかの黒潮にしかすぎないのである。きっと水面下では、われわれの知らない、さらに大きな濁流が勢いよく渦巻いていることだろう。

近年この濁流に合流したのが国際金融の投機家である。今のところ、きちんとした身なりをし、風采《ふうさい》が瀟洒《しょうしゃ》なこの連中はテロリストのリストには入れられていないが、彼らがイギリス、メキシコ、東南アジアで前後して行った所業や、それがもたらした深刻な結果は、すべての「ネットチンピラ」やビンラディンらも後についていくのが困難なほどである。

ソロスを代表とする大口金融投機家は、一日当たり取引額が一兆二〇〇〇億ドルを超える国際遊休資本を拠《よ》り所として、金融派生手段を運用し、自由経済のルールを利用して、世界の金融市場で手練手管を弄《ろう》し、騒乱を招き、次々と金融危機を引き起こした。被害国の面積は逐次拡大し、東南アジアからロシアまで、さらに日本まで巻き込み、最後には対岸の火事視していたヨーロッパとアメリカも難を逃れられなくなった。これによって、現行の世界金融システムと経済秩序は根本から動揺し、人類社会と国際的安全にとって、もう一つの新たな害をなすものとなった(10)。その多国籍性、隠蔽性、無規則性、巨大な破壊力などテロリズムの典型的な特徴を持っているがゆえに、われわれはこれを金融テロリストと呼んでしかるべきだろう。

巨大な国家という機器の前では、テロリストやその組織は人数、手段の上で取るに足りないかもしれないが、実際にはどの国も彼らを見くびってはいない。その原因は、彼らがいかなるルールにも従わずに行動する狂信者だという点にある。核兵器を持つテロ組織は、言うまでもなく同様に核兵器を持つ国より何倍も危険である。ビンラディンの信条は「自分は死んでも人を生かしてはおかない」であり、それゆえに彼は十数人のアメリカ人を殺すために、数千人もの罪のない人たちを血の海に投げ込んでも平気である。ソロスの論理は「俺が侵入して強盗をはたらいたのは、お前がドアの鍵《かぎ》をかけなかったからだ」というものだ。したがって、彼は他国の経済を破壊し、他人の家の政治秩序を攪乱《かくらん》した責任を負う必要はないというのだ。

イスラム原理主義の山に隠れ潜んでいるビンラディンと自由経済の森に隠れているソロス、さらにはインターネットの海に潜伏しているハッカーたちにとっては、いかなる国境も存在せず、いかなる領土も意味を失っているのだ。彼らがやりたいことは、ルールのある領域で思う存分破壊し、ルールのないところで勝手にのさばることだけだ。

これらの新型テロリスト勢力は、既存の世界秩序に対し、かつてない厳しい挑戦を突きつけたが、一方これによって、われわれも既定の秩序の合理性に対してある程度の疑いを持ち始めた。ルールを征服し破壊する者と、ルールに対する修正の二つとも必要かもしれない。なぜなら、ルールに対するいかなる破壊も、われわれが真剣に対処すべき新しい課題をもたらすからだ。古い秩序がまさに消えていこうとする時代に、先にチャンスを手に入れる人は、往々にして真っ先にルールを打ち破るか、あるいはこうした趨勢《すうせい》に最も早く適応する人たちだ。明らかにこの面で、新テロリストはすでに国際社会の先端を走っているのだ。

ルールを無視する敵に対応する上で、最良の戦法はただルールを破ることだけである。近年、非軍事戦争の領域に出没している敵とわたり合うため、アメリカ人は巡航ミサイルを使い、香港政府は外貨準備と行政手段を使い、イギリス政府は日常のしきたりを破って、同国の特殊工作機関の手で、テロリストと見なされる外国の元首を「合法的に」刺殺するのを許可した。これらのことは、ルールを適時に改め、戦法を変える兆しが表れたことを示しているが、同時に、考える方向が単純で、手段が単一だという弱点も露《あら》わになった。

聞くところによると、アメリカはすでにハッカーの手段を流用して、各国の銀行にあるビンラディンの口座を探し出して凍結し、彼の資金源を根本的に断とうとしている。これはまぎれもなく、軍事領域を超えた戦法の突破である。しかし、ルール破りという面では、悪事をするときはどんな極端な手段でも用いるという原則を一貫して信奉している新旧テロリストが、依然として各国政府の最もよい先生であると、われわれは言わなければならない。

●戦争の大御所の作ったカクテル

三〇〇〇年前の中国・周の武王《しゅうぶおう》と二〇〇〇年余り前のアレクサンダー大王は、カクテルとはどんなものかを知らなかったに違いないが、彼らは戦場で「カクテル」を作る名手だった。なぜなら、彼らは二種類以上の戦争の要素を、カクテルを作るように巧妙に組み合わせることに長《た》け、戦闘に投入して勝利を収めたからである。

1プラス1、これは最も初歩的でもあり、また最も古い組み合わせでもある。長い槍《やり》プラス円い盾によって、兵士は攻撃と防御を兼ね備え、進退ともに依《よ》るべきところを持つことができる。二人がコンビを組み、「弓矢で攻め、刀や槍で守る」ことで、互いに協力し、最小の戦術単位を構成することができるのだ。(11)

騎士のドン・キホーテに従者のサンチョ・パンサが加わったことは、勇猛な騎兵と輜重兵《しちょう》との役割分担ができたことを意味する。そして、幻想の中のお姫様のために邪悪な編隊を退治しようと、遠征に出発した。このような簡単な組み合わせにも、戦場で無限に変化する道理がひめられている。冷たい兵器から熱い兵器まで、さらに核兵器や今日《こんにち》のいわゆるハイテク兵器の組み合わせに至るまで、勝利の神の手中にあるこの法器は終始、すべての戦争の歴史にお供しており、一つひとつの戦争の勝敗を暗に左右しているのだ。

殷《いん》王朝を討伐した周の武王には、戦車三〇〇両、近衛兵三〇〇〇人、兵士四万五〇〇〇人の軍勢しかなく、数十万の歩兵を擁する殷軍と比べればはるかに劣勢だった。ところが、戦車と歩兵の混成による武王の小さな軍隊は、適切な組み合わせによって戦闘力を飛躍的に増強し、牧野《ぼくや》での戦いは周王朝建国の基礎を築き上げた。これは、三一二〇年後にわれわれが探し出すことのできる最も古い、組み合わせ戦争の証拠である。

東洋だけではなく、西洋も同じである。アルベラの会戦で、アレクサンダー大王が一気にダリウスを大敗させることができたのは、彼が臨機応変に、敵に手向かう暇を与えずに、従来の横一線形の方陣を変えたからであった。彼のやり方はとても簡単だった。騎兵の位置を方陣の両翼に沿って少し斜めの後方に移し、「空洞の大方陣」を作っただけである。だが騎兵の機動性と歩兵の強固性がその奇抜な布陣によって伸び伸びとし、各々の長所を発揮する最良の組み合わせになった。その結果は言うまでもなく、兵力では劣勢だったアレクサンダー大王が最終的に勝利の美酒を飲んだのである(12)。

東西の戦争史を調べると、われわれは戦法に関する記述の中に「組み合わせ」という文字を見つけることはできない。しかしすべての時代において、すべての戦争の大御所たちは本能的にこのことを熟知していたようだ。スウェーデン国王グスタフは、火器時代の初期に最も称賛された軍事改革者であった。彼が作戦の陣形と兵器の配置に対して行った改革は、すべて組み合わせ法を採用していた。彼は槍兵《そうへい》が時代遅れであることを最も早く意識し、彼らを銃士と混成して方陣を敷いた。これによって、槍兵は銃士が射撃の後、弾を詰め替える間、援護することができ、両者の長所を最大限に発揮した。

また、彼は軽騎兵、竜騎兵、銃士を混成し、砲兵の攻撃による煙の中を、交代で敵の散兵線に突撃させた。後世の人から「最初の偉大な野戦砲兵専門家」と称《たた》えられた国王は、会戦の基礎である砲兵の機能と役割について、さらに熟知していた。彼は軽砲兵隊を「砲兵連隊」として歩兵と混成し、重砲兵隊を単独の部隊とした。小口径砲と重砲を分けて配置しているように見えるが、実は戦場全体では完璧《かんぺき》な一体化した組み合わせを形成していた。火砲の役割の発揮は彼の時代には頂点に達していたと言える(13)。

ただしこれらすべては、砲術の専門家ナポレオンが出現する前のことであった。二万門もの大砲を戦場に運んだ背の低いこのコルシカ人に比べれば、グスタフの手中にあった二〇〇門の火砲は全く見劣りするものにすぎなかった。一七九三年から一八一四年までの二〇年間に、ナポレオンより火砲に精通する者はいなかった。また、この統帥者ほど部下を理解する人間はいなかった上に、彼ほど砲兵の殺傷力と騎兵の機動性、ダウ元帥の勇敢とミュラ元帥の精悍《せいかん》さを巧みに組み合わせた人間もいなかったのである。こうした組み合わせによって、向かうところ敵なしの攻撃力を手に入れ、フランス軍を、全ヨーロッパでは誰も交戦するもののない戦争マシンに変えた。このマシンに依拠して、ナポレオンはアウステルリッツからボロディノまで、ほとんど百戦不敗の神話を作った[14]。

「砂漠の嵐」の行動で、大規模な戦争ながら死亡者わずか一〇〇人余りという奇跡をつくったシュワルツコフ将軍は、まだ大御所クラスの人物に数えることはできないが、彼の運はほとんどすべての軍事芸術の大御所と同じように恵まれていた。その実、本当に重要なことは必ずしも強運ではなく、この現代の大軍を率いる統率者が、先輩たちと同様か、あるいはそれ以上に戦争要素の組み合わせを重視していたことだ。なぜなら、二〇世紀の九〇年代に彼が手に握っていたカードは、先輩たちよりはるかに多かったからである。

シュワルツコフにとって、イラク軍をクウェートから追い出し、西側の石油生命線を回復し、中東でアメリカの影響力を再び振るうための戦争に勝つキーポイントは、同盟やメディアの操作、経済封鎖などを利用することと、三十数カ国の軍隊から構成される陸、海、空、宇宙、電子の諸軍の統合部隊の指揮をいかに巧みにこねまぜ、その合わさった力をサダム・フセインをたたく強力なパンチにするかだった。将軍はこれをやり遂げたが、驚くべきことに、相手側にはこうした自覚は全くなかった。

イラクの数十万人の大軍、数千両の戦車、数百機の飛行機はまるでかきまぜていないセメントや砂、鉄筋のように、数百キロの戦線に分散しており、十分に組み合わせた後、鉄筋コンクリートのように強固になっているアメリカ式パンチの痛撃に全く耐えきれなかった。さらにイラク側は、西側の人質問題で、拘束したり釈放したりと過ちをくり返し、政治的孤立や経済封鎖を打破する面で対応のすべがなかったことは、言うまでもない。

三〇〇〇年前の戦争であれ、二〇世紀末の戦争であれ、ほとんどすべての勝利は、組み合わせのよい方が勝つ、という共通する形跡を示している。

今日では、戦争で使われる手段がますます増加し、不断に改善されているため、戦争の外延が急速に延びると同時に、その内包するものも深化し始めた。これまでの戦争には全くなかったより多くの要素が、各種の異なる方式の組み合わせを通して、戦争という天地に入ってきた。どの新しい要素の加入も、戦場の情勢や戦争様式の変化を引き起こし、軍事革命の勃発《ぼっぱつ》さえもたらす可能性がある。

戦争の歴史を顧みると、馬の鐙《あぶみ》、ライフル銃、元込め銃、無煙火薬、野戦電話、無線電報、潜水艦、戦車、航空機、ミサイル、原子爆弾、コンピューター、非殺傷兵器などのハードな分野であれ、あるいは師団軍体制、参謀部体制、「狼の群れ戦術[15]」、電撃戦、絨毯《じゅうたん》式爆撃、電子対抗戦、空地一体戦であれ、これらの要素の出現は、それ以前の戦争要素との組み合わせによって交雑の優位性を示し、程度の差こそあれ、当時の戦争世界を豊かにしたのである。

そしてここ二〇年来、IT、コンピューターウイルス、インターネット、金融派生手段など、もともと軍事手段ではなかった技術が、将来の戦争に、その結果を予測しがたくさせている。しかし現在までのところ、大多数の軍人や将領たちにとっては、要素の組み合わせ方式を通じて作戦を行うことは、常に一種の非自覚的な行動となっている。このため、それらの組み合わせは一般的に兵器、布陣方法、戦場のレベルにとどまり、描いた戦争図も大体軍事領域に限られ、しかもその中でうっとりしている。流星が天に流れるような眩《まぶ》しい軍事の天才だけが、一時はばをきかせて、普通の決まりを破り、局限を突き破り、そのときに採用できるすべての手段を自覚的に組み合わせて、戦争のメロディーを変える千古の音色を奏でるのだ。

もし過去の戦争で、組み合わせのみが少数の軍事的天才の勝利の秘訣《ひけつ》だったとすれば、現在では、組み合わせを自覚的に一種の戦法とする趨勢がますます顕著になっており、戦争をさらに雄大で奥深い領域へと導いている。技術総合の時代が提供するものはすべて、組み合わせに対してほとんど無限に近い可能性の空間を与えてくれる。未来の戦争という宴席で独特の味わいのするカクテルを作れる人なら誰でも、最後に勝利の桂冠《けいかん》を自分の頭に戴《いただ》くことができるだろう。

●足し算でゲームに勝つ方法

現在、すべてのカードを出し終わった。われわれは、戦争がもはや従来のようなものではないことをすでに知っている。戦争がひいては戦争ではなくなり、インターネット上の交戦、マスコミの争い、外貨先物取引の攻防など、かつてわれわれが戦争とは見なさなかったものが、今やすべて非常に意外な戦場となってしまったのかもしれない。つまり、敵は恐らく、もともとの意味での敵ではなくなり、兵器も従来の兵器ではなくなり、戦場も従来の戦場ではないかもしれないのだ。何もかもはっきりしていない。確定できることはすなわち何も確定していないということだ。ゲームはすでに変わってしまっており、その次にわれわれが必要なのは、種々の不確定の中から新しいカードの出し方を確定することだ。それは、頭が痛ければ頭を治し、脚が痛ければ脚を治すという単一の処方箋《しょほうせん》であってはならず、みなの長所を広く取り入れ、優れた交雑品種を集め、梨の木に桃もリンゴも実らせるというものであるべきだ。これがつまり組み合わせである。実はこのカードは、われわれが早くから読者の前に出していた。

ただ、まだ述べていない文字がある。それは足し算だ。

足し算とはすなわち組み合わせ法だ。

ボクシングのリング上で、最初から最後まで同じパンチで相手とわたり合うボクサーは、明らかに、ストレート、ジャブ、フック、アッパーカットを組み合わせて嵐のようなパンチを浴びせるボクサーの好敵手ではない。その道理はこれ以上簡単だと言えないほど簡単である。――１プラス１は１より大きいのだ。

問題は、このように学齢前の子供でさえわかる道理が、驚くことに、国家の安全や戦争の勝敗に責任を負う多くの人たちのところでは曖昧模糊《もこ》となっていることである。これらの人たちは自分を弁護し、自分たちはまさに組み合わせたパンチで相手を攻撃していると言うだろう。彼らは戦場で技術と技術、戦術と戦術、兵器と兵器、手段と手段を足すことを決して忘れたことがないのだが、同時に、組み合わせなんて何も新しい商品じゃないよ、と軽蔑《けいべつ》気味の結論を下すこともできる。アレクサンダー大王からナポレオンまで、そしてシュワルツコフもみんなこのようにやったじゃないかと。

組み合わせを理解しているかどうかが必ずしも問題のキーポイントではなく、真に大切なのは何と何を組み合わせるか、どのように組み合わせるかを理解しているかどうかだということを、彼らは知らない。最後に重要な点は、戦場と非戦場、戦争と非戦争、軍事と非軍事、具体的に言えば、ステルス機や巡航ミサイルとインターネット・キラーを組み合わせること、核の威嚇や金融戦とテロ襲撃を組み合わせること、あるいは、シュワルツコフ＋ソロス＋モーリス・ジュニア＋ビンラディンという組み合わせを考えたことがあるかどうかである。

これこそ、われわれの真の切り札なのだ。

組み合わせであれ、足し算であれ、もともとは空の籠《かご》にすぎない。籠の中に血なまぐさいもの、残酷なものを入れたときに初めて、事態は厳しいものに変わり、世間をあっと言わせる味わいを持ち始めるのである。

こうした全く新しい戦争観の前では、人々がすでに慣れてしまった従来の戦争観は揺らいでしまうに違いない。既存の伝統的な戦争の様式およびそれに付属する倫理や法則も将来、挑戦に直面するだろう。力比べの結果、伝統的なビルが倒壊するか、そうでなければ新しい工事現場が乱雑に取り散らかるかになろう。（発展の）法則という角度から言えば、われわれはおおかた、伝統的なビルの倒壊を目撃することになるだろう。

ここに至ってわれわれは、「ハイテク」の登場から始まったこの軍事革命が遅々として完成しない原因をすでに探しあてたに等しい。人類の歴史と戦争史から見れば、軍事革命が技術革命または編成革命が終わるとすぐに完成を宣言するというようなことは、一度もなかった。この進行過程の最高の成果を示す軍事思想革命が出現して初めて、軍事革命の完璧な完成がピリオドを打つことができるのだ。それは今回も例外ではなく、ハイテクが引き起こした新しい軍事革命が円満にピリオドを打てるかどうかは、それが軍事思想革命の道をどこまで遠く進むかにかかっている。ただし今回は、数千年にわたって戦神の車がひいた轍《わだち》から飛び出る必要がある。

そのためには足し算の力を借りなければならない。そして足し算を運用する前に、必ずやすべての政治的、歴史的、文化的、道徳的きずなを超越し、その上に徹底した思想闘争を行わねばならない。徹底した思想がなければ徹底した革命もありえない。そして徹底した軍事思想がなければ、徹底した軍事革命もありえない。

昔、孫子とクラウゼビッツでさえ自分を軍事領域の檻の中に閉じ込め、マキャベリだけがこの思想の空間に迫っていた。相当長い期間にわたり、『君主論』とその作者は、その思想があまりにも時代の先を行っていたので、騎士や君子たちから歯牙《しが》にもかけられなかった。彼らは当然、すべての限度と境界線を超えることこそ、軍事思想革命を含む思想革命の前提だということを、知るはずがなかった。今日に至っても、戦場で堂々と戦うことしか知らず、戦争とは殺人だ、戦法とは殺人の方法だということしか考えない人、これ以外に何も注意に値するものはないと考える人は、昔の人と同じくこの点を理解していないのだ。

アメリカ人はこの問題についてなんの反応もしないほど頭が鈍いわけではない。「新しい軍事革命の周波数バンドの幅」という問題を提起したアメリカ陸軍大学戦略研究所のスティーブン・マイツとジェームス・カイビットは、実はこの点をすでに敏感に感じている。彼らは、アメリカ軍の軍事思想と、国家安全が実際に直面している脅威との間に存在するギャップを発見した。思想が現実に比べて遅れている（超越なんてさらに言うに及ばない）。このことは単にアメリカ軍人の欠点ではなく、アメリカ軍人の中では非常に典型的に存在する。

「一つの軍隊が、あまりにも勢力を集中して、ある特定の類型の敵に対処する」とき、その視野外にいる別の敵の攻撃によって打ち負かされる可能性がある。このようにスティーブン・マイツとジェームス・カイビットは自分たちの憂慮を表明した。また彼らは一歩進んで、次のように指摘した。「陸軍（われわれはこれをアメリカ軍全体と理解してもよい——引用者注）は現在の西側の思考定式を破って、未来の衝突についての認識を広げなければならない、と公式文書は強調しているが、二一世紀のデジタル化部隊がいかに戦うかについての大多数の叙述は、相変わらず、新技術を使ってワルシャワ条約機構軍と装甲車戦を行うようなものである」

というのは、アメリカ軍はまさにこのような軍事思考に導かれて戦争の準備をしているのだから、当然、戦争も予想通りに自分の銃口の上に突っ込んでくることを願っている。このような事態の変化を察しない愚かな片想いは、次のような見通しをもたらすだけである。「現在アメリカ軍が進めている大多数の発展計画としては、例えば二一世紀の陸軍などが、通常戦の重装甲車との戦いに着眼していることがある。もし次の世紀の初頭、アメリカが低レベル技術の敵や中レベルの敵、あるいは勢力が相匹敵する敵と遭遇したら、周波数バンドの幅が足りないという問題が出現するかもしれない[16]」

実際には、二一世紀がまだこないうちに、アメリカ軍はすでに上述の三種の敵がもたらした周波数バンドの幅が足りない厄介な問題に遭遇している。ハッカーの侵入にしろ、世界貿易センターの大爆発にしろ、ビンラディンの爆弾攻撃にしろ、いずれもアメリカ軍が理解している周波数バンドの幅をはるかに超えている。このような敵にどう対応するか、アメリカ軍は明らかに心理上あるいは手段上、とくに軍事思想およびそこから派生する戦法上で準備が不足している。彼らは、軍事手段以外の作戦手段を選択することを考慮しなかっただけでなく、さらには伝統に違反することを理由に考慮を拒否してきた。このため、彼らは両者を足して新しい手段、新しい戦法を組み合わせることができなかった。実は少しでも視界を広くして、思想を自由に走らせれば、技術総合の時代に出現した大量の新技術と新要素をテコに、思考の遅れによって錆《さ》びた軍事革命の輪を動かすことができるのだ。ここでは、「他山の石を用いてわが玉を磨く」という古い諺を味わうべきだろう。

われわれはもっと大胆に、手中のカードをすっかり切り直して、もう一度組み合わせを行い、どんな効果が表れるかを試してみよう。

すでに十分に情報化された二つの先進国の間に戦争が起きたと仮定しよう。従来の戦法に従えば、攻撃する側は一般的には、縦に深く、正面に幅広く、高強度で立体的な方式で敵国に突撃を行うだろう。その手段は衛星偵察、電子攪乱、大規模な空襲プラス精密攻撃、地上部隊の迂回《うかい》、水陸両用部隊の上陸、敵後方への空挺《くうてい》部隊の投下……などにほかならず、その結果は、敵国が敗北を宣言するか、そうでなければ自らが傷つくかである。

ところが、組み合わせ戦法を使うと、全く違う状況、違う結果になるかもしれない。例えば、

軍事	超軍事	非軍事
核戦争	外交戦	金融戦
通常戦	インターネット戦	貿易戦
生物化学戦	情報戦	資源戦
生態戦	心理戦	経済援助戦
宇宙戦	技術戦	法規戦
電子戦	密輸戦	制裁戦
ゲリラ戦	麻薬戦	メディア戦
テロ戦	模擬戦（威嚇戦）	イデオロギー戦

敵国に全く気づかれない状況下で、攻撃する側が大量の資金を秘密裏に集め、相手の金融市場を奇襲して、金融危機を起こした後、相手のコンピューターシステムに事前に潜ませておいたウイルスとハッカーの分隊が同時に敵のネットワークに攻撃を仕掛け、民間の電力網や交通管制網、金融取引ネット、電気通信網、マスメディア・ネットワークを全面的な麻痺状態に陥れ、社会の恐慌、街頭の騒乱、政府の危機を誘発させる。そして最後に大軍が国境を乗り越え、軍事手段の運用を逐次エスカレートさせて、敵に城下の盟の調印を迫る。

これは孫子の「戦わずして人の兵を屈する」の境地までは達しないものの、「巧みに戦って人の兵を屈する」ことだと言えるだろう。こうして二つの戦法を比べると、どちらがすぐれ、どちらが劣っているかは自明の理である。

これは一つの思考の筋道でしかないが、確実に実施可能な思考の筋道である。こうした考え方に基づいて、足し算の万華鏡を振るだけで、無限に変化する戦法トリックを組み合わせることができるのだ。

前ページの表のどの作戦様式も、ほかの複数の作戦様式と組み合わせて、全く新しい戦法を作ることができる。[17] 意識的にせよ無意識的にせよ、領域や類型を超えて、異なる作戦様式を集めて組み合わせる戦法は、多くの国によって戦争の実戦の中で運用されている。例えば、アメリカ人がビンラディンに対して取っている対策は、国家テロ戦＋情報戦＋金融戦＋インターネット戦＋法規戦である。NATOがユーゴのコソボ危機に対して使ったのは、武力による威嚇＋外交戦（同盟）＋法規戦という手段である。これより前、国連がアメリカ主導の下、イラクに対して取ったのは、通常戦＋外交戦＋制裁戦＋法規戦＋メディア戦＋心理戦＋情報戦など、多くのチャンネルを一斉に使った戦法であった。

われわれはまた、香港政府が一九九八年八月の金融防衛戦で、金融投機家たちに対し金融戦＋法規戦＋心理戦＋メディア戦の手段を取ったことに注目した。それは代価は大きかったが、成果はまずまずであった。このほか、台湾のように人民元の偽札を大量に印刷する方法も、金融戦＋密輸戦の戦争手段になりやすい。

これらの例から、われわれは足し算――組み合わせという戦法を運用することにおける奇妙な作用を見て取れる。もしも、これまでの戦争が技術的手段と条件の限界により、戦争に従事する人たちが、戦争に勝つための全要素を思いのままに組み合わせることができなかったとすれば、今日では、ＩＴを先導とする技術の大爆発がすでにわれわれにその可能性を提供してくれている。われわれが望みさえすれば、しかも主観的な意図が客観的な法則に背いていなければ、必要に応じて、手中のカードをさまざまな配列に組み合わせて、最後にゲーム全体に勝つことができるのだ。

ただし、誰もが未来のすべての戦争に対し、百戦不敗の処方箋を出すことができるわけではない。

人類の戦争史上さまざまな戦法が出現したが、ほとんどが歴史とともに消え、滅びた。その原因を追究すると、それらの戦法はいずれも具体的な目標に狙いを定めたものなので、目標が消滅すると、戦法も存在の価値を失ってしまったからである。

真に生命力のある戦法は、「空っぽの籠」でなければならない。この空っぽの籠はその思考の筋道と原理に依拠して、不変をもって万変に対応できるのであり、われわれが先に述べた組み合わせとはつまり、このような空っぽの籠であり、軍事思考の空っぽの籠なのである。それは、即応性が非常に強いこれまでの戦法と違って、籠の中に具体的な目標や内容をいっぱい入れたときだけ、初めてその指向性や即応性を持つのである。戦争が勝利できるかどうかのカギは、ほかでもなく、どのような物をこの籠の中に入れるかにかかっている。

かつて中国宋《そう》代の軍事家、岳飛《がくひ》は、どのように戦法を運用するかを論じたとき、「運用の妙は一心に存す」と述べた。この話は訳のわからないもののように聞こえるが、実は組み合わせ手段を正しく使用することに対する唯一の的確な解釈である。この点を理解して初めて、われわれは多くの戦法を超えた頂点の戦法を獲得することができる。これがつまり万法一に帰するということであり、戦法の終極である。組み合わせ自体の束縛されない超越性以外に、組み合わせを超える戦法の存在など想像できない。

結論はこのように意外と簡単だが、それは単純な頭脳から出てくるものではない。

注

（1）戦争は最も典型的なギャンブルだが、教典的なギャンブル理論に常に制約されるというわけではない。なぜなら、戦争は本質的に人間の非理性的な行為であり、「理性的な人間」のさまざまな推測に基づけば、当然のことながら戦争そのものが一場の夢になりやすい。核兵器の恐るべき結果により、人類は最も理性に反する行為の中から、見失って久しい理性を少しずつ取り戻しつつある。グローバル化の進展は、人類が国家の安全を求めるとき、「理性的な人間」の方式、思考に基づいて、「囚人の苦境」から脱出する方法を学び取り、二度とアメリカとソ連が覇権を争う式の「闘鶏ギャンブル」に陥らないように促している。協力もあれば競争もある経済学のギャンブルが軍事領域に浸透し始め、新しい時代の戦争に影響を及ぼしている（張維迎著『ギャンブル理論と情報経済学』序論、上海三聯書店、上海人民出版社、一九九六年を参照）。

（2）一九九七年三月一五日から、アメリカ陸軍はカリフォルニア州のフォートアーウィン国家訓練センターで、一四日間にわたるデジタル化旅団特別派遣部隊のハイレベル作戦演習を行った。陸軍参謀長ライマー大将によると、この実験の目的は、実戦の中で二一世紀の部隊の技術が、次の三つの決定的な問題——自分はどこにいるか、仲間はどこにいるか、敵はどこにいるか——に瞬時に答えられるかどうかを確定するためだった。実験の状況から見ると、再編成し、新しいデジタル技術で武装した部隊は、現在の陸軍に比べ作戦のスピードはさらに速く、殺傷力はさらに大きく、生存能力はさらに強くなった。この演習については、九七年三月一七〜二三日のアメリカの『防衛ニュース』が詳細に報道している。

（3）一九九七年のアメリカの『国家軍事戦略』は、アメリカ軍の任務と軍事能力のレベルは、同時に二カ所での大規模な地域戦争に勝つことだと再三強調している。これは実際には「冷戦」時代の軍事戦略と建軍方針を依然として継続しているということである。ジェームス・R・ブラッカーは、「軍事革命型のアメリカ軍を建設する——『四年ごとの国防審査報告』と異なる軍改革案」というタイトルの論文で、この方針は「一〇年前に終わった時代のために二〇年前に設計した軍事プランを選択した」と指摘している（アメリカ『戦略評論』一九九七年夏季号）。
（4）アメリカ陸軍大学戦略研究所の研究報告『戦略と軍事革命――理論から政策まで』の第八部を参照。
（5）実はイラク問題は、ブッシュ元大統領も徹底的に解決することができなかったのである。サダム・フセインはアメリカ人にとって、ますます除去しにくい心の病となっている。
（6）最近、米英両国が取った「砂漠の狐」行動も、明らかに国連憲章に違反した大国の重大なルール違反行為である。
（7）黒客《ハッカー》は英語「ＨＡＣＫＥＲ」の音訳であり、本来は中立的な語で、必ずしもけなし卑しめる意味を持っていない。初期のハッカーは、技術に対する熱中と社会に対する善意をもって、独特のハッカー倫理と規範を形成し、ハッカーの多くがこれを遵守していた。しかし、昨今のインターネット空間では、世の中の気風がどんどん悪くなるのと同様に、かつての君子の風格が失われ、もう二度と戻らない状況である。
（8）一九九六年、軍事情報システムの防護を強化するため、アメリカ国防総省情報通信局が設立され、同年、重要インフラを保護する大統領直属委員会も設立された。この委員会は電信、金融、電力、水、パイプ、運輸システムの保護に責任を負う。これらはすべて現実からくる脅威に対応するためのもので、アメリカ陸軍ＦＭ１００－６号野戦規定『情報作戦』は次のように指示している。「情報インフラが直面している脅威は現実的なものであり、それはグローバルな範囲で発生源があり、技術的に多面性を示し、脅威が増大しつつある。これらの脅威は個人や団体からきており、彼らを駆り立てているものは軍事、政治、社会、文化、人種、宗教、あるいは個人、業界の利益である。また、これらの脅威は情報狂人からももたらされる」(中国語版、p.7)

(9)最も皮肉なのは、ビンラディン一族の建設会社が、サウジアラビア駐在のアメリカ軍キャンプの建築工事を請け負っていたことである。

(10)金融テロリズムが人々に最も脅威を与えるのは、「ホットライン」が数日のうちに、一国の経済に壊滅的な打撃を与え、打撃の対象が国家中央銀行からその日暮らしの小市民にまで波及してしまうということである。

(11)『中国歴代戦争史』第一冊、軍事訳文出版社、p.78、牧野の戦い。

(12)J・F・C・フラー著『西洋世界軍事史』紐先鐘訳、第一巻。

(13)T・N・デュピュイ著『兵器と戦争の変遷』p.169～176。

(14)ターリー著『ナポレオン伝』。ジョン・ローランド・ロス著『ナポレオン一世伝』。

(15)第二次世界大戦のとき、ドイツ海軍潜水艦隊司令官のデニーツが、潜水艦で商船を攻撃する戦術を発明した。主要なやり方は、一隻の潜水艦が商船隊を発見すると、ただちに他の潜水艦に知らせ、多くの潜水艦が到着するのを待って、狼の群れのように獲物に攻撃を加えるというものである。

（16）アメリカ陸軍大学戦略研究所の研究報告『戦略と軍事革命——理論から政策まで』。

（17）われわれから見れば、このような三種類の戦争は、いずれも実在する戦争であり、比喩《ひゆ》や形容ではない。軍事的ジャンルの戦争は、どんな兵器を採用しようとも伝統的な戦争である。非軍事的ジャンルの各種の戦争は、対抗の形式としては何もめずらしいことではないが、戦争の行為としてはいずれも新鮮である。超軍事的ジャンルの戦争は前の両者の間に位置し、心理戦、情報戦のような従来のパターンもあれば、インターネット戦、模擬戦のような全く新しいパターンもある（模擬戦とは電子戦のシミュレーションを指す。墨子《ぼくし》が公輸班《こうしゅはん》を負かした方法には、模擬戦の要素があった。『戦国策・宋衛策』「公輸班、楚《そ》国のために機械を設計して宗国を攻める」の章を参照）。

第六章　勝利の法則を見いだす——側面から剣を刺す

奇を正とするものは、敵がその奇を意《おも》い、われは正を以って撃つ。正を奇とするものは、敵がその正を意《おも》い、われは奇を以って撃つ。

——李世民《りせいみん》

いくら長々と組み合わせの話をしても、組み合わせだけに焦点を集めるだけでは物足りないと言わねばならない。さらに焦点を絞り、さらに核心的な秘密がその中に隠れていないかを見てみる必要がある。もしも、どのような組み合わせが一番よいかという秘訣《ひけつ》を洞察できなければ、たとえ要領の悪い組み合わせを一〇〇回やったところで、どうにもならないだろう。

戦争史上、八方平穏無事な中で勝利を収めた例など一つもない。だからこそ、いろいろな版の『軍事用語』の中には、重点的な攻撃方向、主要な突撃目標、偽りの攻撃、陽動作戦、敵の側面や背後に回り込むというような行動の本末を区別する専門用語が載っている。これらの用語の背後に隠されているものは、恐らく「兵は欺くを厭《いと》わず」のような深慮、あるいは兵力を合理的に用いるという教えだと思われる。このほか別の原因もあろう。直感に頼って、無数の勝利を得たすべての赫々《かくかく》たる名将、あるいは無名の軍人たちも、「勝利の法則」というべきものの存在を認識し、しかも何回もそれに接近したことがあるだろう。だが今日に至るも、統帥者にしろ、哲学者にしろ、自分がそれ（勝利の法則）を見つけたと言える者はまだ一人もいないし、この法則に対する命名さえ完成していない。

実は、それは人類が絶え間なくくり返してきた軍事的実戦の中にずっと隠されているのだ。教典になるような一回一回の戦争の勝利がすべて、その法則を証明していると言ってよいだろう。ただし、人々は勝利のたびにそれを認めようとしないか、あるいは自分が勝利の法則と出会ったことを肯定しようとせず、いつも神秘的な運命が特別に好意を寄せたことにしてしまう。多くの「後の祭り」式の戦史の著作も、勝利の法則をあまりにも深遠かつ微妙に描いているため、これを読んでも人々は結局、要領を得ない。しかし、勝利の法則は確かに存在する。法則はすぐそこにあるのだ。それは忍びの者のように、人類の毎回の戦争に付き従っている。そのゴールデンフィンガーが誰かを指させば、指さされた者は敗北者の悲しみを踏みしめて凱旋《がいせん》門をくぐるのだ。もっとも、それがたとえ戦争のだだっこであろうと、その本当の顔を真っ正面から目撃した者はいない。

●黄金分割の法則との暗合

「すべてが数字である」。古代の知恵者ピタゴラス[1]はこの思想の道で、神秘的な数字――0・618に偶然出会った。その結果、彼は黄金分割の法則を発見したのだ！

$(\sqrt{5}-1)\div2\fallingdotseq0.618$

それ以後、二五〇〇年間にわたり、この公式は美学を信奉する造形芸術家たちの金科玉条となった。芸術史が信服性をもって証明しているように、手当たり次第のものにしても、工夫を凝らしたものにしても、世間で傑作といわれるほぼすべての芸術作品は、その基本的な美学の特徴がピタゴラスの公式に近いか、あるいはそれと一致している。

人々は長年にわたって、古代ギリシャのパルテノン神殿の美しさに驚嘆し、これを神の奇跡と疑うほどだった。測定してみると、神殿の垂直線と水平線との関係が、1：0・618という比率に完全に一致していた。現代建築家の巨匠コブシアは著書『新建築へ』の中で、やはり黄金分割の法則に基づいて、「設計の基本尺度」理論を打ち立て、全世界の建築家と建築物に深くて広い影響を与えた[2]。

惜しいことにこれは、神様が一つの領域をもって、あらゆる領域の法則を人類に暗示した公式かもしれないが、長い時空のトンネルの中で、芸術創造の天地から出たことはなかった。生まれつき人よりすぐれたミューズたちを除いて、この黄金のように美しい法則が、同時にほかの領域でも従うべき法則になりうるかもしれない、いや、いっそのこと従うべき法則である、ということを意識した人はほとんどいなかった。

一九五三年になって、やっとJ・キフーというアメリカ人が、黄金分割の法則を利用してテストポイントを探せば、最も速く最良の状態に近づくことができる、ということを発見した。彼のこの発見は中国の数学者、華羅庚によって「優選法」としてまとめられ、0・618法とも呼ばれ、いちど中国で広く伝播《でんぱ》したことがある。われわれが知るところでは、こうした人海戦術的な普及運動は効果が微々たるものにすぎなかったが、黄金分割の法則が芸術以外の領域で運用される見通しを示した(3)。

実を言うと、黄金分割の法則を自覚的に掌握する意識が生まれる前にも、人々はすでに直感に基づいて、それを各々の実践領域でくり返し運用していた。これは当然、軍事の領域でも例外ではない。戦争史において、人々から絶賛された有名な戦役や戦闘の中に、この神秘的な野獣の、揺れて定まらない痕跡《こんせき》を容易に見つけ出すことができる。

視線をそれほど遠くへ向けなくても、あなたはこの定律（黄金分割の法則）と結びついた例が軍事の領域にざらにあることに気づくはずだ。騎兵が持つ刀の切っ先の弧度から、銃弾や砲弾、弾道ミサイルの弾道飛行の頂点まで、また、飛行機が急降下爆撃状態に入るときの爆弾の最良の投下高度と距離[4]の関係から、補給線の長短と戦争転換点との関係まで、至るところに0・618の投影が見られる。

戦争史の本を手当たり次第に開いてみると、0・618が、くねくねと曲がりくねった金の帯のように古今東西の戦争に見え隠れしているのを見て、あなたはひそかに驚くだろう。

春秋《しゅんじゅう》時代の晋《しん》と楚の鄢陵《えんりょう》の戦いで、晋の厲公《れいこう》が軍を率いて鄭《てい》を攻めるために、鄭を支援する楚軍と鄢陵で決戦した。厲公は楚から離反した苗《びょう》の賁皇《ふんこう》の提案を受け入れ、中軍の一部をもって楚軍の左軍を攻撃し、もう一部をもって楚軍の中軍を攻撃し、そして上軍、下軍、新軍および王侯の親衛隊を集中して、楚の右軍を攻撃した[5]。その主要な攻撃点の選択はちょうど黄金分割点だった。われわれが前に述べたアレクサンダー大王とダリウスとのアルベラでの戦いでも、マケドニア人は、その攻撃点をペルシャ軍の左翼と中央部との結合部分に選んだ[6]。ちょうど都合よく、この部分も戦線全体の「黄金点」だったのだ。

数百年来、人々は、チンギスカンのモンゴル騎兵がなぜ嵐のようにユーラシア大陸を席巻《せっけん》できたか、不可解に思ってきた。その理由として、民族の勇猛、残忍、奇異および騎兵の機動性だけを挙げても、人を完全に納得させる説明とはなりえない。あるいは、別にもっと重要な原因があるのだろうか。

果たせるかな、黄金分割の法則がここでもその不思議な力を再度見せつけたのである。われわれは、モンゴル騎兵の戦闘隊形が西側の伝統的な方陣とはかなり違うことを発見した。その五列に配置された陣形の中で、重騎兵と軽騎兵の比率は二対三で、人馬とも兜《かぶと》と鎧《よろい》に身を固めた重騎兵は二、すばしこく機敏に動く軽騎兵は三になっている。またしても黄金分割なのである！　馬に乗った思想家の天才的な悟りに敬服せざるを得ない。このような統帥者に率いられた大軍の戦闘力が、戦場で対峙《たいじ》していたヨーロッパ軍に比べ、より大きな衝撃力を持っていたのは理の当然である。

キリスト教を信奉するヨーロッパ人は、黄金分割の法則を宗教・芸術面に運用するすぐれた天分を持っていたことを除いては、この定律が他の方面に有用であるかどうかについては、悟りを得るのが大変遅かったようだ。黒色火薬の時代になって、元込め銃が徐々に槍《やり》に取って代わろうとしているとき、率先して元込め銃兵と槍兵《そうへい》とを半分ずつ混合編成し、伝統的な方陣を改造したオランダのモーリス将軍も、この点をまだ意識できなかった。

スウェーデンのグスタフ国王が、この正面が強く側面が弱い陣形に改良を加えた後、スウェーデン軍はやっと、当時のヨーロッパで最も戦闘力のある軍隊になったのである。国王のやり方は、モーリスがもともと考え出した二一六名の槍兵＋一九八名の元込め銃兵からなる中隊のほかに、九六名の元込め銃兵を増やしたことである。これは火器の役割をたちまち突出させ、冷たい兵器と熱い兵器が混合する時代の軍隊陣形の分水嶺《れい》となった。言うまでもなく、一九八名+九六名の元込め銃兵と二一六名の槍兵との比率は、またもやわれわれに黄金分割の法則の輝きを見せてくれた。

これだけにとどまらない。われわれがそれ（黄金分割の法則）を芸術の法則以外の法則として認める前に、それがどれだけ頑《かたく》なに「本当の姿を現し」、われわれに明確にメッセージを提示したかを見るがいい。

一八一二年六月、ナポレオンはロシアに侵攻した。九月になって、彼はボロディノの戦いでロシア軍を消滅させることができないまま、モスクワに入城した。このときのナポレオンは、天分と幸運が彼から少しずつ消えていき、一生の事業の頂点と転換点が同時に訪れてきていることに気づかなかった。一カ月後、フランス軍は大雪が舞う中、モスクワから撤退した。三カ月にわたる勝利の進軍プラス二カ月の最盛期からの衰退。時間の軸から見れば、フランスの皇帝は燃え盛る炎を通してモスクワを見下ろしたときに、その足元ではちょうど黄金分割線を踏んでいたのだ。

一三〇年後の同じく六月、ナチス・ドイツはソ連に対し「バルバロッサ」作戦を発動した。二年ほどの間、ドイツ軍はずっと攻勢を保っていたが、一九四三年八月（正しくは一月）に「スターリングラード攻防戦」が終わってから、ドイツ軍は守勢に転じ、以後、ソ連軍に対して戦役行動といえるほどの進攻を行う機会は二度と訪れなかった(7)。

次の事実は、あるいはわれわれが偶然の合致と称する必要があるかもしれない。それは、すべての戦史学者によってソ連の祖国防衛戦争の転換点と公認されているスターリングラード戦役が、独ソ戦が勃発《ぼっぱつ》してからちょうど一七カ月目〔正しくは一四カ月目〕、すなわち一九四二年一一月〔正しくは七月〕に勃発したことだった。これはドイツ軍が全盛期を経て衰退する二六カ月の時間軸において、ぴったりと「黄金点」に位置しているのだ。

湾岸戦争をもう一度見てみよう。戦争前、軍事専門家の推測によれば、もしイラクの親衛隊の装備と人員が空爆によって三〇%あるいはそれ以上損失を被ったら、イラク軍は基本的にその戦闘力を失ってしまうとされていた。イラク軍の損失をこの臨界点まで持ってくるために、アメリカ軍は空爆の時間をくり返し延長した。「砂漠の軍刀」が抜かれた時点で、戦争地域に配置されていたイラク軍は四二八〇両の戦車の三八%、二二八〇両の装甲車の三二%、三一〇〇門の火砲の四七%を破壊された。このときのイラク軍の戦力は六〇%前後まで低下した。これらの残酷な数字を通して、0・618の神秘の光芒《こうぼう》は一九九一年二月二四日の夜明けに再びきらめいた。一〇〇時間後、「砂漠の嵐」の地上戦はついに終結を告げた。

歴史の中に散らばっているこれらの事例は、本当に不可思議である。孤立して見れば、それらは一つひとつ偶然のように見える。しかし造物の主はいわれわれがないことは、したことがない。もしも、あまりにも多くの偶然があるとしたら、それは同じ現象を明らかに示している。あなたは心を平静にして、これを偶然と見なし続けることができるだろうか。いやそのときは、これこそ法則だと認めざるを得ないだろう。

●勝利の語法――「偏正律」

中国語の語法には基本的な文の構造がある。この構造は文（センテンス）あるいは連語（フレーズ）を、修飾語と中心語という二つの部分に分ける。両者の関係は修飾と被修飾、すなわち前者が後者を修飾し、前者は後者の傾向や特徴を確定する。わかりやすく言えば、前者は容《よう》貌《ぼう》であり、後者は有機体である。われわれが一人の人間あるいは一つの物と、他人あるいは他の物との違いを確認する場合は、一般的にはその人（物）の容貌と外見に基づくものであって、その人（物）の有機体やメカニズムに基づくものではない。

この角度から言うと、修飾語の方が中心語よりも、文または連語の重要な部分と見なすべきである。例えば、赤いリンゴである。「赤い」という修飾がつけられる前は、リンゴはある種類の果物を一般的に指しているにすぎず、そこには一般性しかない。「赤い」をつけると、このリンゴは「この」と認定できる特殊性を持つようになる。明らかに「赤い」はこの連語の中で重要な地位を占めている。

また、経済特別区も然《しか》りである。もし「経済」の二字がないと、特別区は地域区画の概念にすぎない。「経済」の修飾がつくことによって、一種の特殊な属性と方向を持つようになり、鄧小平が経済のテコをもって中国を改革する支点となった。このような構造はつまり、中国語の語法の基本形態の一つである。

すなわち偏正式構造である。

偏をもって正を修飾するという構造は中国語の中にたくさん存在し、それを使わないと、中国語を話す人は口を開いてしゃべることもできない。というのは、一つの文の中で、もしも主体性の語彙《ごい》しかなく、主導性の修飾がないならば、この文は程度、方位、形態など、相手に(文の内容を)具体的に把握させる要素を欠いているため、明確性を失ってしまう。例えば「いい人」、「悪いこと」、「高いビル」、「赤い旗」、「ゆっくり走る」のような言葉は、もしその前についている修飾語を全部取り去ってしまうなら、後にくるすべての中心は、具体的に何を指しているのかわからない中性語に変わってしまう。

ここから、偏正式構造の中では、「偏」は「正」に比べて文や連語に定性を与える地位にあることがうかがえる。つまり、ある意味では、偏正式構造は中心語を主体とし、修飾語を主導としているのであり、「正」は「偏」の身体で、「偏」は「正」の魂だ、と理解することができる。身体が一種の前提として確立された後、魂の役割はさらに決定的な意義を持つ。このように、主体が主導に従属する関係は、偏正式構造が存在する基軸であると同時に、客観的な世界と対応する符号システムの構造の一つとして、言語の範疇《はんちゅう》を超えた、ある種の法則のようなものをわれわれに暗示しているようである。

このような道筋に沿って進んでいくと、単に「いい人」、「悪いこと」、「高いビル」、「赤い旗」などの連語だけでなく、また航空母艦、巡航ミサイル、ステルス機、装甲輸送車、自動火砲、精密爆弾、および緊急対応部隊、空地一体戦、統合作戦のような軍事用語だけでもなく、（あらゆる領域に）偏正関係が大量に存在していることを、われわれは即座に見て取れる。言語の範疇以外の世界では、このような関係が同じように幾重にも充満している。これこそ、われわれが人類の言語系統にわずかに見られる修辞法を借りて——単に借りるだけで、真似をするのではない——自分の理論に用いる意義がある所以《ゆえん》である。

われわれは戦争と修辞学を無理やり関連づけるつもりはない。「偏——正」という単語を借りて自分の理論の最も核心の部分を明らかにしたいだけだ。なぜなら、多くの事物の運動や発展には偏と正の関係が大量に存在しており、しかもこうした関係の中で常に「正」ではなく、「偏」が主導的役割を果たしている、とわれわれは認定しているからである。

こうした役割を、われわれはしばらく「偏をもって正を修飾する」と呼ぶことにする。

例えば、国の場合は、人民が主体であり、政府が国を主導する。軍隊の場合は、兵士と中・下級の将校が主体であり、統帥部が軍を主導する。核爆発の場合、ウランまたはプルトニウムが主体であり、それらに対する衝撃を加える手段が連鎖反応を引き起こす主導である。東南アジアの金融危機では、被害国は主体であり、金融投機家が危機をもたらした主導である。政府の主導がなければ、人民は一皿のばらばらの砂のようなものである。統帥部の主導がなければ、兵士は烏合《うごう》の衆である。衝撃という手段がなければ、ウランとプルトニウムはただの鉱物にすぎない。金融投機家の騒ぎがなければ、被害国はメカニズムの調整によって金融の災難を避けることができたはずだ。こうした関係の中で、双方の相互作用の要素を別にして、誰が偏で誰が正か、誰が誰を修飾しているのかは、言うまでもなく明白であろう。

以上の論述が示すように、こうした偏正式構造は非対称性の構造であり、そのために偏と正の間も一種の非均衡的関係なのである。この点では黄金分割の法則によく似ている。0・618と1の間は非対称の構造でもあり非均衡の関係でもある。われわれは、それを別の形で表現した偏正式と見なしてもよいのだ。偏正構造の中で重要なのは偏であり、正ではない。黄金分割の法則も然りで、重要なのは0・618であって1ではない。これは両者の共通した特徴である。法則がわれわれに教えるところによれば、特徴の似た二つの事物の間には、必ずある種の似たような何かの法則が存在する。もし黄金分割と偏正構造の間に共通した法則が確かに存在しているならば、それは、すなわち0・618＝偏であるべきだ。

この点を最もよく説明できるのは、恐らく田忌《でんき》競馬の出典に勝るものはないだろう。全体として実力が劣勢である状況の下で、軍事家として知られる孫臏《そんひん》は、古代中国のギャンブルの知恵を代表するに足る、教典ともいうべき策略を縦横に編み出した。彼は田忌の下級馬を斉王《せい》の上級馬と対戦させ、負けるのが必定の第一局（勝負）が終わった後、味方の中級馬と上級馬を使い、相手の下級馬と中級馬に連勝して、最後の勝利に必要な二つの局（勝負）の優位を確保した。(8)

このように一局を切り捨て二局を確保する策略（主導）をもって、全体の競争（主体）に勝利する方式は、典型的な偏正式構造と見なすことができる。そして三局中の二局に勝った結果は、2：3という黄金の比率と完全に一致する。ここにおいて、われわれは完璧《かんぺき》な二つの法則の合流、二つの法則が合わさって一つになるのを発見する。すなわち、黄金分割の法則＝偏正の法則である。

法則を探し当てることは問題研究の結果であると同時に、問題研究の始まりでもある。われわれが、偏正の法則なるものが事物の運行に普遍的に貫かれていると信じる限り、この法則が黄金分割の法則と同じように、ひとり軍事領域だけに空白を残すことはないと信じて然るべきだろう。

事実はまさにその通りである。

斉と魯《ろ》による長勺《ちょうしゃく》の戦いでは、両軍が対峙する中、斉軍は鼻息が荒いのに対して、魯軍は軽々とは動かなかった。斉軍は三度太鼓をたたき、三回突撃したが、魯軍の態勢を揺るがすことができなかったので、士気が急速に衰えた。魯軍はその機に乗じて反攻に出て、完勝した。戦いが終わってから、策士の曹劌《そうさく》は魯の荘公《そうこう》に向かって、斉との戦いに勝った道理をずばりと喝破した。敵軍が一回目に太鼓をたたいたとき元気を出していたが、二回目には衰え、三回目になると力は尽きてしまった。「彼（敵）が力尽き我（味方）は余力があったがゆえに勝ったのだ[9]」

この戦役全体の進行過程は五段階に分けることができる。

(1)斉軍一回目の太鼓
(2)斉軍二回目の太鼓
(3)斉軍三回目の太鼓
(4)魯軍が反攻
(5)魯軍が追撃

第一段階から第三段階まで、曹劌は敵の切っ先を避ける策略を取った。このため、斉軍はなんら戦果も勝ち取れない状況下で、自らの攻撃力の黄金点を急速に通過してしまった。そして魯軍はこの点を反撃のチャンスとして的確につかんだ。二七〇〇年前の戦場で黄金分割の法則（3：5≒0.618）は十分に証明された。

言うまでもなく、当時の曹劌は、彼より二〇〇年遅く生まれたピタゴラスとその黄金分割の理論を絶対に知っていたはずがない。たとえ彼がこの理論を知っていたにしても、現に進行している戦いの最中《さなか》に、どこがその0・618なのかを正確に測ることなどできなかっただろう。ところが彼は直感で、このきらめく黄金の光芒である分割点を感じ取ったのだ。これこそまさに、すべての天才的軍事家たちが共有している天性なのである。

ハンニバルがカンナエの戦いで示した考え方は、曹劌の思考の筋道と全く合致していた。彼も曹劌と同じように、敵の攻撃力が逓減するという奥義を見抜いていた。彼は常識に逆らって、最も弱いガリア軍とスペイン歩兵を、本来ならば精鋭部隊を配置すべき戦線中央部に置き、ローマ軍の攻撃を正面で受け止めるようにした。彼らが支えきれなくなった後、戦線にはだんだんと三日月形のくぼみができた。ハンニバルが故意に作ったのか、それとも予想外に形成したのかわからないが、この三日月はローマ軍の攻撃力を解消する巨大な緩衝装置に変わった。この強大なローマ軍が戦線の延長につれて次第に衰え、カルタゴ人の敷いた（三日月形の）戦線の底部に近づき、最後のあがきを見せたとき、全体では劣勢だが騎兵では優勢を占めるカルタゴ人が、時機を失せず、両翼から精鋭の軍隊を突っ込ませ、素早くローマ軍を包囲した。そしてカンナエは七万のローマ軍を殺戮《さつりく》する場と化した(10)。

このよく似た二つの戦役はいずれも、敵の切っ先を避け、敵の士気をくじくことを主導的な策略とし、明らかに正面決戦から逸脱する作戦様式を採用し、敵の攻撃力が疲労困憊《こんぱい》した時点を、巧みに味方の反撃の最高のチャンスとした。これは戦法の上では明らかに黄金分割の法則、偏正の法則に合致している。

もしも、この二つの戦争例を偶然の一致あるいは孤立した現象と見なさないならば、われわれは戦争史の中から、黄金分割の法則――偏正の法則がきらきらと光を放つのを、さらに何回も見つけることができる。

この点は、現代の戦争ではもっとはっきりしているかもしれない。第二次世界大戦時に、ドイツ軍がフランスに侵攻した戦役では、われわれがこれまで述べてきたこの二つの法則が最初から最後まで浸透していた。戦車を歩兵の配属物から主戦兵器に変えたことにしろ、第一次世界大戦のやり方を捨てて電撃戦を主戦理論にしたことにしろ、また、敵だけでなく、ドイツ軍統帥部の考えの古い将軍たちも意外に感じたように、アルデンヌ山地をドイツ軍侵攻の主導的な方向に選んだことも、当時の人の目には、きっと正統なやり方に合致せず、明らかに「偏」向性を帯びたものに映っていただろう。

まさにこうした偏向こそ、ドイツ軍全体の軍事思想の根本的な転換をもたらし、この結果、シュリーフェン伯爵の「袖《そで》でイギリス海峡を払いのける」という夢は、イギリス人のダンケルクの悪夢となった。この奇跡のような青写真を描いたのが、階級の比較的低い二人の将校、マンシュタインとグデーリアンだったということを誰が想像しえただろうか[11]。

　同じ世界大戦の中で、フランス侵攻戦役という、明らかに偏正式の傾向を持つ作戦行動と照応するものとして、日本による真珠湾攻撃の例を挙げることができる。山本五十六の空母使用はグデーリアンの戦車使用に匹敵する。山本は意識の中では、戦列艦を将来の海上決戦の主戦力と見なしていたが、敏感かつ正確にも、空母とその艦載機をアメリカ海軍に対する主導的な兵器として選んだ。

　さらに称賛に値するのは、山本がアメリカ人をたたいたとき、広いアメリカ本土の太平洋岸に対する正面攻撃を避け、同時にその連合艦隊の攻撃半径、つまりそのパンチが打てる最良の位置を十分考慮して、ハワイを攻撃地点としたことである。ハワイは太平洋全体を制圧する上で重要であるばかりか、アメリカ人が事前に情報をキャッチしたものの、まさかと思っていた場所だった[12]。海上決戦を信奉する山本が、将来の戦局にかかわる最初の戦争として選んだのは、彼が憧《あこが》れていた海戦ではなく、真珠湾奇襲だったことを提起しておくべきだろう。その結果、彼の剣は側面から敵を刺し、奇襲によって勝ちを制した。

　ここまで分析してわかることは、黄金分割の法則も偏正の法則も、字面の上で狭義に理解すべきではなく、本質の上でその真髄を把握しなければならないということである。瞬時にしていろいろと変わる戦場は、どの軍事統帥者や指揮官に対しても、黄金分割点がどこにあるか、偏正度の問題をどう把握するかについてじっくりと考える十分な時間、あるいは十分な情報を提供してくれない。ましてや0・618と「偏」という二つの法則の最も中核になる要素自体も、数学的な意味での常数ではない。勝利の神は千変万化の戦争、戦場、戦局の中に常に出没する何千何万の化身にあるのだ。

それはときとしては手段の選択に現れる。例えば、湾岸戦争では、シュワルツコフは空爆を主導的な手段とし、今までずっと戦闘の主力だった陸軍や海軍は脇役に回った。

それはまたときには策略の選択に現れる。例えば、デニーツは艦対艦の海戦を潜水艦の商船への襲撃に改めた。その結果、こうした「狼の群れ戦術」は、イギリスにとって海上の決戦よりもっと大きな脅威となった。

それは兵器の選択に現れることもある。例えば、ナポレオンの大砲、グデーリアンの戦車、山本五十六の空母、「黄金海岸」行動の精密爆弾は、いずれも戦争という天秤《てんびん》を一方に傾かせることのできる主導的兵器だった。

それはまた、攻撃ポイントの選択に現れることもある。例えば、トラファルガー海戦(13)のネルソンは賢明にも、フランス艦隊の先鋒《せんぽう》艦ではなく、後衛艦を主な打撃ポイントとし、その結果、この海戦の勝利は海上帝国の誕生をもたらした。

それは戦機の選択に現れることもある。例えば、第四次中東戦争では、サダトはエジプト軍がスエズ運河を越えるDデーをイスラムの断食月の一〇月六日に、また進攻を開始する時刻を太陽が西から東へ向かってまっすぐにイスラエル人の目を射る午後と定めた。それによってイスラエル軍の無敵神話を打ち破ったのである。(14)

それは兵力のアンバランスな配置に現れることもある。例えば、第一次世界大戦でドイツ軍の統帥部は、フランスに侵入する「シュリーフェン計画」を作成し、重点攻撃のために大胆にも七二個師団中の五三個師団を右翼に集め、残りの一九個の師団を長い戦線の左翼と中間部に配備した。これによって、本当に一度も実施したことのない模型上の作業が、歴史上最も有名な戦争計画となった。

それは謀略の運用に現れることもある。例えば、紀元前二六〇年、秦と趙《ちょう》の間に紛争が起きた。秦の昭襄王《しょうじょうおう》は敵軍との決戦を急がず、范雎《はんしょ》の提案に基づき、先に韓《かん》の上党《じょうとう》地区を攻め、趙から頼みの綱を奪った。それから真心を装って講和を図り、各地の諸侯が趙を再び支援する道を断った。さらに、趙王が廉頗《れんぱ》将軍を解任し、机上の空論家の趙括《ちょうかつ》を起用するように、離間の策を弄《ろう》し、最後に長平《ちょうへい》で趙軍を大敗させた。秦が趙に勝った原因は、秦軍が強かったからというより、范雎の謀略に依《よ》るところが大きかったと言うべきだろう。(15)

われわれが重視し、研究するに値するものとして、もう一つ別の兆しがある。すなわち、ますます多くの国が、政治、経済、国防・安全保障などにかかわる重大な問題については、視線を軍事領域以外にも向け、他の手段を用いて補充し、豊かにし、ひいては軍事手段に取って代え、武力だけで達成できない目的を達成しようとしていることだ。これは戦争観の上で言うと、戦争に対して行う最大の「偏をもって正を修正する」ことである。また同時にこれは、未来の戦争がますます頻繁に、軍事手段とその他の手段との偏正式組み合わせになっていく趨勢《すうせい》を予告している。

以上いろいろと述べてきたが、どんな選択であれ、すべて「偏」という特質を持っている。偏正の法則は黄金分割の法則と同じように、一切の形式的な平行並列、均衡対称、八方美人、八方平穏無事に反対し、側面から剣を突き刺すことを主張する。力をもって力に対抗することを避けて初めて、あなたの剣の矛先は牛を解体する包丁のように、自由に肉を切ることができるのだ。これこそ戦争という、とこしえに変わらぬ文章における最も基本的な勝利の語法である。

もしもわれわれが芸術における黄金分割の法則を美の法則と称するならば、その軍事領域におけるミラーイメージの再現——偏正の法則を、なぜ勝利の法則と呼ばないのだろうか。

●主と全：偏正式組み合わせの要点

事物を構成する諸々《もろもろ》の内部要因の中で、必ずや、ある要素が全要素の中で突出した、あるいは主導的な地位を占めている。この要素と他の要素との関係が、もしも調和的かつ完璧なものであれば、それはいつでも、必ずどんなところでも0・618：1という公式に合致している。もちろん偏正の法則とも合致している。

というのは、ここでは「すべての要素」とは主体、つまり正である。「ある要素」とは主導であり、すなわち偏である。ある事物が特定の目的性を持った後、主従関係を構成する。二頭の牛が喧嘩《けんか》している場合は、正は牛で偏は牛の角である。二本の刀が切り結んでいるとき、正は刀で偏はその切っ先である。どちらが主か、どちらが従かは一目瞭然《りょうぜん》だ。いったん目的が変化すると、新しい主導的要因が現れ、しかも古い主導的要因に取って代わり、既存のすべての要因との間で新たな偏正関係を構成していく。事物の中の主と全との関係をしっかりととらえていれば、それは黄金分割の法則と偏正の法則の要点を押さえたことと同じである。

ここから出発して、われわれは戦争の入り乱れた流れから、五つの主要な関係——主要兵器と全兵器、主要手段と全手段、主要兵力と全兵力、主要方向と全方向、主要領域と全領域——を整理して取り出すことができる。この「五主五全」は戦争に普遍的に存在している偏正関係を基本的にまとめている。

やはり湾岸戦争を例にすれば、多国籍軍が実施した「砂漠の嵐」の主要兵器はステルス機、巡航ミサイル、精密爆弾で、他の全兵器は従属兵器となった。主要手段は三八日間にわたる空爆で、他の全手段は補助手段となった。主要兵力は空軍で、他の全兵力は協同軍となった。主要方向はイラク共和国の親衛隊を重点的な打撃対象とし、他の全戦場の目標はこれに服従した。主要領域は軍事で、その他の領域は経済制裁、外交上の孤立化、メディアによる攻勢などによって全面的に協力した。

しかし、これらの関係をはっきり整理することだけがわれわれの目的ではない。戦争に従事する人間から言えば、最も重要なのは、これらの関係をきちんと整理することではなく、いかにしてそれを把握し運用するかということだ。

周知のように、いかなる国もその戦争資源には限界がある。たとえアメリカのように国力が豊かな国であってもである。戦争においては、費用対効果比（「最小消耗」の原則）や、どのように見事に戦争をし、戦果をより輝かしいものにするかなどの問題をいつも考えなければならない。したがって、どの国にとっても、戦争資源を合理的かつ策略的に使用し、分配することがとても重要である。そのためには正しい方法、つまり戦争において、どのように自覚的に偏正の法則を運用するかを探し出さねばならない。その実、少なからざる国が以前から非自覚的にこの法則を運用している。

ソ連の解体後、ロシアの軍事力はどんどん低下している。かつてアメリカと対峙していた時代の超覇権大国の地位を失っただけでなく、国家の現在の安全を守ることさえおぼつかなくなっている。こうした状況下でロシア軍統帥部は、受動的ではあったが、自らの未来戦略を適時に修正し、戦術核兵器ないし戦略核兵器を、ロシアに対する戦争が発生した際の最優先の主導兵器とするとともに、こうした選択に基づいて、通常兵器と核兵器の配置構造を全面的に調整した。

ロシア軍とは逆に、盟主となって全盛期の勢いにあるアメリカ軍は、「全面的優位性」(陸軍)[16]、「海から陸へ」(海軍)、「グローバルな関与」(空軍)[17]の三つを三軍の新しい目標として確立し、これに基づいてデジタル化装備、新型水陸両用攻撃艦、ステルス遠距離爆撃機を選び、新しい世代の兵器とした。これらの兵器はM1シリーズ戦車、航空母艦、F16戦闘機など当代の切り札に取って代わり、アメリカ軍の兵器庫の中の主導的兵器となる勢いを見せている。

ロシアとアメリカがそれぞれの主導的兵器に対して行った戦略的調整からも、殺傷力の大小を条件に主導的兵器を選ぶ方法はすでに時代遅れになっていることが見て取れる。主要兵器の選択にとって、兵器の殺傷力は多くの技術的性能の一つにすぎない。技術的性能よりもっと重要なのは、戦争の目的、作戦の目標、安全な環境に対する基本的な考慮である。したがって、主要兵器は上述の目標を達成するのに最も有効な兵器であるべきであり、また、ほかの兵器と有機的に組み合わせ、完璧な兵器システムを構成しうる主導的要因でなければならない。

現代技術の条件下では、主要兵器は大部分が単一の兵器ではありえず、「システムの集合」

であると同時に、さらに大きなシステムの中の一部にもなっている。(18) 大量のハイテクの登場と戦争目標の不断の調整は、主要兵器の選択および、他の兵器との組み合わせ使用の面で十分な上下空間を与えると同時に、主要兵器と他のすべての兵器との主従関係をもますます曖昧《あいまい》にしている。(19)

同様の要因は戦争手段の運用にも影響している。戦争において軍事行動を当然の如く主要手段とし、他のすべての手段を補助手段と見なす観念が現在、時代遅れになりつつある。ビンラディンのようなテロ組織に対応する戦争では、軍事手段は動員できる全手段の中の一つにすぎず、さらに有効で、ビンラディンに壊滅的な打撃を与えることのできる手段は、巡航ミサイルではなく、より多くの手段とタイアップしてインターネット上で展開する資金封じ込め戦争であることを、アメリカ人は間もなく知るだろう。

手段の複雑化がもたらしたものは、すべての軍人が思ってもみなかった結果、すなわち戦争の平民化である。したがって、ここでわれわれが言う主要兵力と全兵力の問題は、軍隊内部や作戦行動時の兵力の配置、配分、運用のほかに、民衆全体がどの程度戦争に参加するかをも含んでいる。非職業軍人の戦争、あるいは準戦争行動が、ますます国家の安全に影響を及ぼす重要な要因になっているとき、誰が未来の戦争の主要兵力となるのかは、かつては全く問題ではなかったが、今や全地球的範囲で問題となりつつある。われわれが前に何度も提起した、「ネットチンピラ」がアメリカやインドの国防総省のネットセンターに侵入するといった事件は、この面での証拠である。

純粋な戦争行動であれ、非戦争の軍事行動であれ、あるいは非軍事の戦争行動であれ、作戦の性質を帯びた行動である限り、いかにして精確に主要な作戦方向と攻撃目標を選ぶかという問題が存在する。つまり戦争、戦場あるいは戦線全体によって構成される全方向の中から、主要な方向を決めるという問題である。これは、高性能の兵器、多くの手段、十分な兵力を持ったすべての統帥者の頭を悩ませる問題でもある。

しかし、アレクサンダー大王、ハンニバル、ネルソン、ニミッツや中国古代の孫武《そんぶ》、孫臏は、いずれも敵の不意をつくような重点攻撃の方向を選ぶことに長《た》けた名手だった。リドル・ハートもこの点を注目し、最も敵の意表をつく行動の方向と、敵の抵抗力が最も弱い路線を選ぶことを「間接戦略」と呼んだ。

戦争の空間がすでに陸、海、空、宇宙、電子から社会の政治、経済、外交、文化ないし心理などの諸領域に広がっている今日では、各種要因が交差して相互作用しているため、軍事領域だけが当然のように戦争の主導的領域になることは難しくなっている。戦争は非戦争の領域で展開されるだろうという観点は、一見奇妙で、人々にとっては受け入れがたいが、これこそが（時代の）趨勢であることを、ますます多くの兆候が示している。

実を言うと、はるか古典的な戦争の時代でも、戦争は終始、単一の領域に限られていたわけではなく、藺相如《りんしょうじょ》の「完璧を趙に帰す」という外交戦や、墨子と公輸班の模擬戦などはいずれも、軍事領域の外で戦争に勝つ、あるいは戦争を消滅させる典型的な例であった。こうした異なる領域にまたがって戦争の難題を解決する方法は、現代人にとって一種の啓示であるに違いない。

高度に発達した技術総合時代はわれわれのために、古代の人間に比べはるかに広大な知恵と手段を発揮する領域を開いてくれた。これによって人々は、非軍事領域で軍事的勝利を収め、非戦争の手段を用いて戦争に勝つという、夢の間も慕い求めてきた願いを実現可能なものにした。未来の戦争で勝利をしっかりと手中に収めたいならば、われわれはそのために十分な思想的準備をしておかなければならない。すなわち、恐らく軍事行動を主導としないような領域において、当事国のすべての領域に波及する可能性のある戦争を行うことである。このような戦争がいったいどのような兵器、どのような手段、どのような要員を用いて、どのような方向、どのような領域で行われるかについては、目下のところ依然として未知数である。

わかっているのはただ一点、どんな方式の戦争にしろ、勝利はみな偏正の法則を正しく運用して、「主と全」の一方を把握することにある。

●法則であって定式ではない

戦争は最もうまく言い尽くせず、最も定かに言い表しにくいものである。戦争には技術の支えが必要だが、技術は必ずしも士気や謀略に取って代われるものではない。戦争には芸術のインスピレーションが必要だが、ロマンチックな感情や温情を排斥する。戦争には数学のような正確さが必要だが、正確さのために往々にして機械的な硬直性に陥ってしまう。戦争には哲学的な抽象が必要だが、純粋な思弁は、鉄と火の間隙《かんげき》で生まれるつかの間の戦機を把握することに役立たない。

戦争には定式（定まった様式）がない。戦争の領域において「『論語』が半分わかっていれば、天下を治められる」というでたらめをあえて口にする者はいない。一つ覚えの戦法ですべての戦争に勝った人はいない。だがこのことは、戦争には法則がないということと同じではない。数少ない人たちが常勝将軍のリストに自分の名前を記したが、これは彼らが勝利の法則を覗《のぞ》き見、掌握したからである。

これらの名前は勝利の法則が存在することを証明している。ただその深遠な道理を喝破した人はいなかった。長い間——戦争の歴史とほぼ同じくらい長い間——、人々は、これを天才的な統帥者の脳裏に一瞬ひらめいた稲妻だと見なし、それが刀剣を持って進撃し、硝煙砲火の血なまぐさい殺し合いの中に隠れていることを、意識した人は非常に少なかった。

実はすべての法則は一枚の障子紙にすぎず、問題はあなたがそれを突き破ることができるかどうかである。

偏正の法則もこのような一枚の紙だ。簡単であるが、また複雑でもあり、揺れ動きもすれば、また安定もしている。一部の幸運な人の指によって無意識的に突き破られると、勝利の扉がバーンと開かれる。偏正の法則は一組の数字あるいは一つの語法で表せるほど簡単だが、同時に、数学や文法に精通する人でも答えを見つけられないほど複雑でもある。硝煙のように漂ってつかまえにくいが、同時に、影のように安定し、いつも勝利の日の出に付き添っている。

それだからこそ、われわれは偏正の法則を定理ではなく、原理と見なしている。われわれはこの原理の相対性を十分に考慮している。相対的なものは強引に応用することはできないし、精密に測定できるものでもない。相対とは絶対的な白ではなく、それゆえに黒い白鳥を恐れるものではない[20]。

たとえ、われわれが戦争史の研究を通じて偏正、すなわち勝利の法則を認めても、それをいかに運用するのが正しいかは依然として、一人ひとりの具体的に操作する者が自ら機を見て、問題を把握するのを待たねばならない。なぜなら、戦争にまつわる二律背反の現象は、勝利の追求者をずっと困惑させてきたからである。つまり、法則に逆らう者は間違いなく敗北し、古いきまりを墨守する者は絶対的に勝利が難しいからである。

「六六三十六、数には術あり、術には数あり。陰陽の理は変化し、機はその中にあり、機は設けるべからず、設ければ則《すなわ》ち当たらず」。「三十六計」のこの言葉は天機を喝破している。言い換えれば、われわれがたとえ多くの戦争例を見つけて、その勝利の原因が０・６１８に合致していると証明しても、次に、黄金分割の法則に厳格に従って戦争、戦役あるいは戦闘を設計した人は、ほぼ必ずといっていいくらい、失敗の渋い果実を食べることになる。黄金分割の法則にしろ、偏正の法則にしろ、重要なのは精髄の把握と原理の運用であり、鵜《う》呑《の》みにしたり猿真似をしてはならない。

ヨーロッパ史上で有名なロスバッハの戦役とロイテンの会戦では、進攻の側は同じくアレクサンダー大王の「斜形攻撃隊形」を採用したが、結果ははっきりと異なるものとなった。ロスバッハの戦いでフランス・オーストリア連合軍の指揮官は戦争史をそのまま写し取って、フリードリヒ大帝の目の前で兵を移動させ、布陣を行い、斜形の隊形でプロイセン軍の左翼を攻撃しようとした。だがその結果は、時を移さず迅速に配置を調整したプロイセンによって一敗地にまみれることになった。一年後、フリードリヒ大帝はロイテンで自軍の三倍の兵力を擁するオーストリア軍と再び遭遇した。今度は彼は新たな妙手を打ち出し、同様の斜形攻撃隊形を使って、オーストリア軍を一挙に全滅させた。

同じ戦法に二通りの結果が出たことは意味深長である。[21] このことは、永遠に正しい戦法はなく、永遠に正しい法則のみが存在するということをわれわれに告げている。これはまた同時に、正しい法則は必ずしも百戦不敗を保証するものではなく、勝利の秘訣は法則に対する正しい運用にあることを告げている。

偏正の法則を含むことは、偏をもって正を修飾することを強調しているが、ひたすら偏に走っていれば勝利できるというわけではない。偏とは主として思考の道筋が偏であり本質的に偏であって、形式上の偏ではない。実戦の運用では、毎回、攻撃点を無理やりに０・６１８の「偏」に選ばなければ勝利の法則に合致しないというわけではない。場合によっては、今度の勝利の法則が必要としているのは正面の突破かもしれない。今度は「正」がつまり「偏」になるということである。これこそ戦争の芸術性であり、数学[22]、哲学あるいはその他の科学技術が取って代わることのできない芸術性である。その意味においてわれわれは、軍事技術の革命は軍事「芸術」の革命に取って代わることができないと断言してもよい。

このほかはっきりさせておかねばならないのは、われわれが言う偏と正は、ある面では中国古代の兵法家が唱えていた「奇正」法と重なる部分があるのは避けられないが、必ずしも「奇正」と全く同じではないということである。古代の兵法家が言う奇と正は、代わるがわる使う二種類の手段である。

孫子いわく「凡《およ》そ戦いは、正を以て合《がっ》し、奇を以て勝つ。……戦勢は奇正に過ぎざるも、奇正の変は勝《あ》げて窮《きわ》むべからざるなり(23)」。

偏と正はすなわち、これでなければあれという二種類の手段ではなく、客観的な法則の表れである。最も重要な違いは、戦争史上では、奇襲によって勝ちを制する戦争例は、いずれもそのあまりの絶妙さゆえに人々をうっとりとさせるが、すべての勝利は奇によって得られたものではないということであり、正をもって勝利を得た例も少なくない。偏正はこれとは異なり、われわれが一つひとつの勝利を分解してみれば、それが奇による勝利であれ、正による勝利であれ、その中に必ず勝利の法則の跡形を見つけ出すことができる。すなわち、「奇」の偏正ではなく、「正」の偏正なのである。

われわれが偏正――勝利の法則をどんなに明確に表現しても、その運用となると、曖昧な中で行うことになってしまう。ときには、不明確こそ明確へ向かう最良の道である。なぜなら、曖昧こそが全体を把握するのに適しているからだ。これは東洋の思考法ではあるが、奇妙にも0・618という黄金点で西洋の知恵とめぐりあった。ここにおいて、西洋の論理、演繹《えんえき》、精確さと東洋の直感、悟り、混沌《こんとん》とが、東西の軍事的知恵の結合部を形成し、ここから、われわれの言う勝利の法則が生成された。それは黄金のような光沢を持ち、東洋の神秘と西洋の厳密さを持ち合わせ、あたかも（紫禁城《しきんじょう》の）太和殿《たいわでん》の投げ槍がパルテノン神殿の柱の上にかけられたかのように、厳かで、その有り様は壮観この上ない。

注

（1）ピタゴラスは古代ギリシャの哲学者、数学者であり、その有名な格言は「すべてが数字である」、すなわち、現存するすべての事物は最終的には数の関係に帰結することができるというものである。ピタゴラスの学説は理性主義と非理性主義のものを混合したにもかかわらず、ギリシャの古典哲学と中世ヨーロッパ思想の発展に深い影響を与えた。コペルニクスも、天文学に関するピタゴラスの概念が自分の仮説の先駆者だと認めており、ガリレオもピタゴラス主義者と見なされていた。黄金分割を用いて世界の調和的関係を証明したのは、ピタゴラス思想の一種の具体的な運用である（『コンサイス大英百科全書』第一巻、p.715）。

（2）サマーソン著『建築の古典言語』p.90を参照。

（3）長さLの直線を二つの部分に分け、そのうちの一部の長さと全長との比率が、イコール残る部分の長さと一部の長さとの比率であるようにする。すなわち、$X:L=(L-X):X$である。こうした分割は「黄金分割」といわれ、その比率の値は約0・618となっている。古代ギリシャから一九世紀まで、このような比率は造形芸術において美学的価値を有すると考える人たちがいて、「黄金分割」と称した。実際の運用において最も簡単な方法は、数列2、3、5、8、13、21……から得た2：3、3：5、5：8、8：13などの比率を近似値とすることである（『辞海』上海辞書出版社、一九八〇年、pp.2057～2058）。

（4）急降下爆撃は、攻撃機が近距離ミサイル、ロケット弾、誘導および非誘導爆弾を使う、主要な爆撃方法である。攻撃の際、攻撃機は低空から戦闘展開地点（標的までの距離は四〇～五〇キロ）に進入し、その後、高度二〇〇〇～四〇〇〇メートルまで上昇して進路を変える。標的までの距離が五～一〇キロになった時点で急降下を始め、同距離がそれぞれ一三〇〇～一六〇〇メートル、六〇〇～一〇〇〇メートルの距離になったときに、三〇～五〇

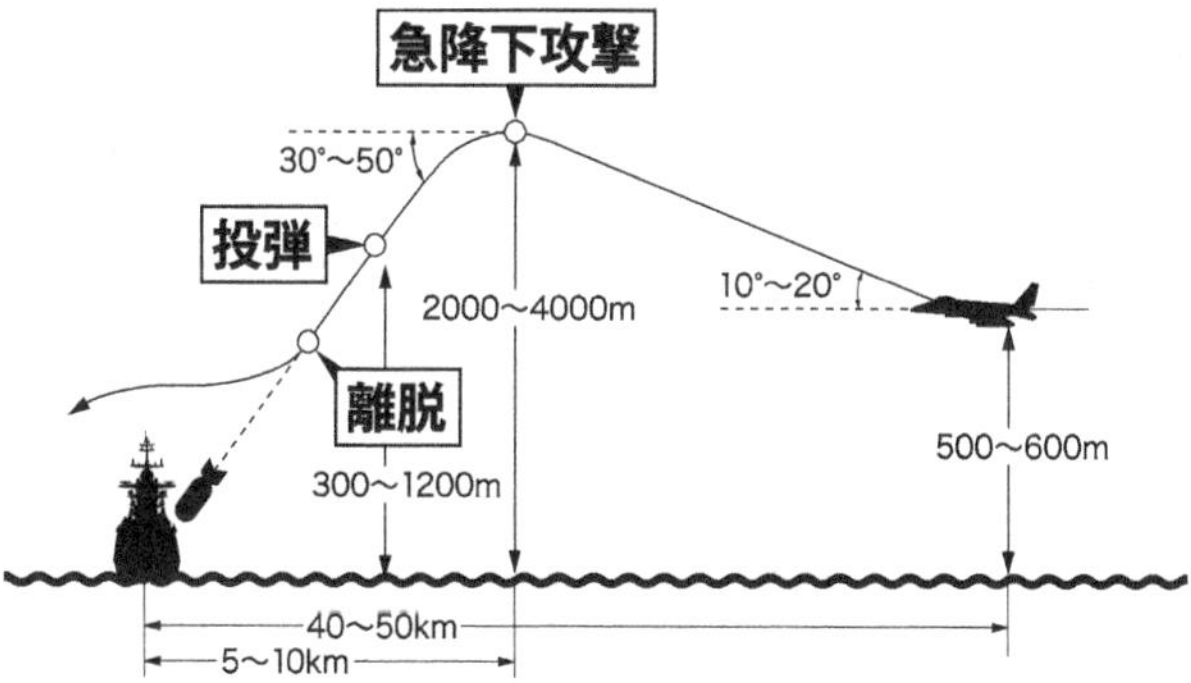

度の角度で爆弾を投下する。急降下爆撃のとき、兵器の打撃精度が最も高い。前ページ図参照。
(5)『中国歴代戦争史』第一冊、軍事訳文出版社、pp.257〜273、添付図1〜26を参照。
(6)フラー著『西洋世界軍事史』第一巻、p.117。本書はアルベラの戦いについて精緻《せいち》な論述を行っているほか、直感的で具体的な戦場情勢図も添付している。
(7)(フランス)マッサール・ボドゥ編『第二次世界大戦歴史百科全書』解放軍出版社、一九八八年、「ソ連の対独戦争」、pp.684〜694。
(8)『史記』孫子呉起《ごき》列伝を参照。
(9)『左伝』曹劌論戦を参照。その後、曹劌は柯《か》の地で行われた斉国と魯国の盟約会議に出席し、匕首《あいくち》を斉の桓公《かんこう》に突きつけて、斉国に無理に魯国の領地を返させた。このような英知も勇気もある人材は本当に稀《まれ》である(『史記』刺客列伝を参照)。
(10)カンナエの戦いは西洋史における最も著名な戦例であり、ほとんどすべての戦史の著書で言及されている。(アメリカ)ベビン・アレクサンダーの著書『統帥者の勝利への道』には、カンナエの戦いが文字と図を用いて描かれ、われわれが言う「偏正の法則」を理解する上で一助となる。『統帥者の勝利への道』新華出版社、一九九六年版、pp.11〜13。
(11)マンシュタインは一九三七〜三八年にかけて、ドイツ陸軍参謀本部の首席参謀次長であったが、ドイツ陸軍の内部矛盾により、陸軍本部から追い払われ、第一八師団長に転出させられた。

一九三九年、ドイツ陸軍本部は西部戦線の作戦計画「イエロー作戦計画」を公布した。その意図は、右翼に配置した強大な兵力をもって、ベルギー領内で遭遇するであろうイギリス・フランス連合軍を正面から撃破すると同時に、比較的弱い兵力をもってその側面を援護しようとするものであった。この計画は明らかに一九一四年のシュリーフェン計画の復刻版であった。当時A集団軍の参謀長だったマンシュタインは、A集団軍の名義で自らの作戦計画を作成し、覚書や作戦草案の形式で陸軍本部に再三提出したが、本部の高級将領たちに拒絶された。マンシュタインに対して怒りを抱いていた陸軍本部は、彼を第三八軍団長に転任させた。マンシュタインはヒトラーに面会した機会を利用して自分の構想を報告し、軍事には全く門外漢でありながら感性抜群のヒトラーを説得した。この計画は、戦後リドル・ハートによって「マンシュタイン計画」と呼ばれた。その要点は、左翼を攻撃の重点とし、装甲部隊を集中して使い、アルデンヌ山地から突撃する、というものであった（マンシュタイン著『失われた勝利』、中国人民解放軍軍事科学院、一九八〇年）。

グデーリアンが指揮した装甲第一九軍団は、「マンシュタイン計画」の最もすぐれた実践者であった（グデーリアン著『電撃の英雄』戦士出版社、一九八一年）。

（12）山本五十六は連合艦隊司令長官に就任後、先にフィリピンを攻撃するとの日本海軍の幕僚監部の意見を退けて、まずアメリカ太平洋艦隊を奇襲し、動けなくさせる必要があると考えた。

一九四一年一二月七日、南雲《なぐも》中将が指揮する六隻の空母、四二三機の航空機は、山本五十六の計画に従って真珠湾を奇襲し、アメリカ海軍の「アリゾナ」など戦列艦四隻を撃沈し、航空機一八八機を破壊して、大いにアメリカ太平洋艦隊の気勢をそいだ（リドル・ハート『第二次世界大戦史』pp.276～335）。

(13) トラファルガー海戦の前、ネルソンが部下の艦長に「秘策」を授けた。すなわち、海戦の伝統的な線型戦術を変え、味方の艦隊を二手に分ける。一つは九〇度の角度から敵艦隊の中央部を攻撃し、その後衛艦と中央軍を分断してから、兵力を集中して敵の後衛艦を攻撃する。もう一つは中央軍と前衛艦を分断し、中央軍を集中的に攻撃し、前衛艦が支援のため戻ろうとしても、時すでに遅しである。トラファルガー海戦の経過はほとんどネルソンの予測した通りであった。本人は戦闘中に負傷して死亡したが、イギリス海軍は大勝利を収めた（丁朝弼編著『世界近代海戦史』海洋出版社、一九九四年、pp.143～155）。

(14)（ドイツ）ゲハルド・カンツァーマン著『第四次中東戦争』商務印書館、一九七五年。（アメリカ）チョーエン・ジンチほか著『中東戦争』上海訳文出版社、一九七九年。

(15)『中国歴代戦争史』第二冊、p.197。

(16)「全面的優位性」は、アメリカ陸軍が『二〇一〇年陸軍の構想』において打ち出した戦略目標である。

（17）「グローバルな関与」は、アメリカ空軍が一九九七年末に打ち出した二一世紀空軍の発展戦略であり、冷戦後の情勢に対応する「全世界に到達するグローバルパワー」に取って代わる戦略構想である。その中でとくに空軍の六大中核能力――航空と宇宙の優位性、グローバル攻撃、グローバルな快速機動力、精密攻撃、情報の優位性、素早い作戦支援を強調している（『グローバルな関与と二一世紀のアメリカ空軍の構想』を参照）。

（18）「システムのシステム」という概念は、かつて統合参謀本部の副議長をしていたオーウェンス海軍大将および彼の上級顧問ブラックが、共同で研究した結果である。オーウェンスは次のように考えている。現代の軍事技術革命は軍艦、航空機、戦車などの兵器ステーションの革命にとどまらず、センサーシステム、通信システム、精密誘導兵器システムなどの要素をも加えた。これらのシステムが加わることによって、軍隊の編成や作戦方式にも根本的な革命が起ころうとしている。今後はもはや陸、海、空軍に分けるのではなく、「センサー軍」、「機動打撃軍」、「頭脳サポート軍」などに分けるべきかもしれない（『国防大学学報』、『現代軍事』、『世界軍事』、陳伯江とオーウェンスとの対談を参照）。

（19）軍事革命技術派の楽観的な見解とは違い、われわれは、技術が戦争の「蓋然性《がいぜん》」という迷霧を突き抜けることができるとは思わない。なぜなら、戦争の蓋然性は主として物理的あるいは地理的な隔離からくるものでなく、人の心からくるものだからである。

（20）偏正の法則は「人間は誰でも死ぬ」とか、「白鳥はすべて白い」とかいうような定理ではなく、戦争を勝利へ指導する法則なのである。

（21）フラー著『西洋世界軍事史』第二巻、p.201を参照。『コンサイス戦争史』p.86。

（22）われわれは、数理の方法で戦争を分析することを必ずしも否定もしないし、軽視もしない。とりわけコンピューターが普及している時代に、曖昧さを尊び精確さを嫌うという伝統を持ったわれわれの国では、なおさらである。李洪志編著『国際政治と軍事問題の若干の数量化分析法』は、ニコライ・シュウィートらが「ベヤート法」を用いて、ベトナム戦争、中ソ軍事衝突、アラビア・イスラエル戦争を分析した事例を挙げている。李洪志らはこの方法を用いて、一九九三年のボスニア戦争の情勢について正確な予測を行った（『国際政治と軍事問題の若干の数量化分析法』軍事科学出版社）。

（23）引用文は『孫子兵法・勢』を参照。「奇正」は古代兵法家の重要な戦法概念である。計り知れないほど変化に富み、敵の予想外に出ることを「奇」といい、対陣して一戦を交えたり、堂々たる陣営を構えて戦うことを「正」という。唐《とう》の太宗《たいそう》は「奇正」の道に対し心得があり、渭橋《いきょう》の対陣はその範例である。「唐太宗李衛公《りえいこう》問対」は、「奇正」に対する李世民と李靖《りせい》のさまざまな見解を記載している。

第七章　すべてはただ一つに帰する――超限の組み合わせ

今日の戦争は石油パイプラインのガソリンの価格、スーパーマーケットの食料品の価格、証券取引所の株価にまで影響を及ぼす。それはまた生態バランスを破壊することもあり、テレビのスクリーンを通してどの家庭にも飛び込んでくる。

――アルビン・トフラー

勝利の法則を知ったからといって、必ずしも勝利を確実に手中に収めるとは限らない。これは、長距離ランニングの技巧を学んだとしても、必ずしもマラソンで優勝するとは限らないのと同じだ。勝利の法則の発見は、戦争の法則に対する人々の認知を深め、軍事芸術の実践レベルを高めることができる。しかし戦場では、勝利の法則を解読したからといって、勝利を獲得できる人が増えることはありえない。肝心なことは、誰が勝利の法則の本質を真に把握しているかだ。

やってくるであろう次の戦争では、勝利の法則が戦勝者に対し要求するものは、非常に過酷なものとなるだろう。それは今まで通り、戦場での角逐・勝利に関するすべての技巧に精通することを要求するほか、大多数の軍人に対し、準備不足か、さっぱりつかみようがないと感じさせるような要求――戦争以外の戦争で戦争に勝ち、戦場以外の戦場で勝利を奪い取るという要求――を提出しているからである。

こうした意味においては、パウエルやシュワルツコフ、あるいはサリバン、シャリカシュベリのような現代的軍人でさえ「現代的」とは言えず、むしろ伝統的な軍人に見える。なぜなら、われわれが言う現代的軍人と伝統的な軍人との間に、すでに溝ができているからだ。この溝は越えられないものではないが、しかし徹底的な軍事思考の飛躍が必要である。これは多くの職業軍人にとっては、ほとんど一生追求してもできないことだ。はっきり言って、方法は極めて簡単だ。徹底的に軍事上のマキャベリになりきることだ。

目的達成のためなら手段を選ばない。これはルネサンス時代のイタリアの政治思想家が残した最も重要な思想的遺産である[1]。中世においてこれは、ロマンチックな義侠《ぎきょう》心があるが、没落していく騎士の伝統を突き破ることを意味していた。制限を加えず、あらゆる可能な手段を採用して目的を達成することは、戦争にも該当する。この思想はたとえ一番最初ではなくても（というのは、その前に中国の韓非子[2]がいたからである）、最も明確な「超限思想」の起源だろう。

　事物が互いに区別される前提には、限界の存在がある。万物が相互依存している世界では、限界は相対的な意味しか持たない。いわゆる超限とは、すべての限界と称される、あるいは限界として理解されるものを超えることを指すのである。たとえそれが物質、精神、あるいは技術に属するものであろうと、また、それが「限度」、「限定」、「制限」、「境界」、「規則」、「定律」、「極限」さらに「禁忌」などと呼ばれようとだ。

　戦争について言うならば、それは戦場と非戦場の境界、兵器と非兵器の境界、軍人と非軍人の境界、国家と非国家あるいは超国家の境界かもしれないし、また、技術、科学、理論、心理、倫理、伝統、習慣などなどの境界を含むかもしれない。総じて言えば、それは戦争を特定の範囲内に限定するすべての境界である。われわれが超限の概念を提出した本意は、まず思想上の超越を指しており、その次は、行動するとき、必要に応じて、そして超越が可能な限度や境界の上で、最も適切な手段（極端な手段をも含む）を選択することを指しているのであって、いつでもどこでも極端な手段を取らなければならないことを指しているのではない。

　技術総合時代の軍人にとっては、現実に存在する各種の面が増え、使える資源（すべての物質的、非物質的資源を指す）が豊富になったため、直面する制限も、制限を打破する手段も、マキャベリが生きた時代環境に比べると、はるかに多くなっている。したがって、軍人の超限思考面に対する要求も、さらに徹底したものとなる。

われわれが前に述べたように、組み合わせは戦争の大御所たちが作るカクテルである。だが、これまでの戦争では兵器、手段、布陣、および謀略の組み合わせは、すべて軍事領域内で行われる「限界のある」組み合わせであった。こうした狭義の組み合わせは、今日《こんにち》では非常に不十分であることは明白だ。

今日または明日の戦争に勝ち、勝利を手にしたいならば、把握しているすべての戦争資源、すなわち戦争を行う手段を組み合わせなければならない。これだけでは足りず、さらに「勝利の法則」の要求に基づいて組み合わせなければならない。これでもやはり足りない。なぜなら、勝利の法則は、勝利の熟したウリがひとりでに籠《かご》の中に落ちることなど必ずしも保証できず、やはりウリをもぎ取る要領を得た手を必要としているからだ。

この「手」がすなわち「超限」であり、すべての限界を超え、かつ勝利の法則の要求に合わせて戦争を組み合わせることである。こうして、われわれは一つの完璧《かんぺき》な概念、一つの全く新しい戦法の名称を得た。すなわち「偏正式超限組み合わせ戦」である。

●超国家的組み合わせ

今、われわれはまた二律背反に直面しているようだ。理論上、超限はタブーなど一切なく、すべてを超えるはずなのに、実際には、無限の超越は不可能で、やろうとしてもできるものではない。いかなる超越でも、すべて一定の限度内で行われるのである。つまり超限は必ずしも無限ではなく、拡大した「有限」にすぎない。すなわち、既定の目標を実現するために、ある領域、ある方向の固有の境界を超え、さらに多くの領域と方向でチャンスや手段を組み合わせることなのである。

これこそ、われわれが「超限組み合わせ戦」につけた定義である。「超－限」を主な特徴とする戦法として見た場合、その原理は、問題自体よりも大きな範囲で、より多くの手段を集めて問題を解決することである。例えば、国家の安全が脅威に直面したとき、単純に国家対国家の軍事衝突を選ばず、「超国家的組み合わせ」の方式を運用して危機を解消するのである。

歴史的に見ると、国家はかつて安全理念の最高形態であった。中国人にとっては、国家は天下と同等の大きさの概念でさえあった。今は民族や地理的意味における国家は、「地球村」の中にある人類社会という鎖の大小さまざまの輪にすぎない。現代国家はますます地域的および全地球的な超国家組織（例えば、EU、ASEAN、OPEC、APEC、IMF、世界銀行、WTO、および世界最大の組織である国連等）の影響を受けている。このほか、複数の国家にまたがる多くの組織やさまざまの非国家組織（例えば、多国籍企業、業種組織、グリーンピース、オリンピック委員会、宗教団体、テロ組織、ハッカーグループなど）も同様に、国家の進む方向を左右している。これらの複数の国家にまたがる組織、あるいは非国家組織、超国家組織は、新興のグローバルパワー・システムを共同で構成している(3)。

気づいた人があまりいないかもしれないが、以上の要因は、大国の政治が超国家政治に席を譲る転換期へとわれわれを導いているのである。この時期の主な特徴はつまり、過渡的ということであり、多くの手がかりが現れ、多くのプロセスが現在始まっている。国家の力を一つの主体とし、超国家、多国家、非国家の力をもう一方の主体とすれば、国際舞台でどちらが浮き、沈むかはまだ定まっていない。

一方、大国はまだ主導的役割を果たしており、とくにアメリカのような、あらゆる面での超大国、日本やドイツのような経済大国、中国のような新興大国、ロシアのような老大国はいずれも、全体の局面に自らの影響力を及ぼそうと企んでいる。他方、先見の明を持つ大国は、はっきりと超国家、多国家、非国家の力を借りて、自らの影響力を拡大し、自国の力だけでは達成できそうにない目標を実現しようとしている。例えば、ユーロによって統一したEUが最新の最も典型的な事例である。

この活気に満ちたプロセスが今日まで発展してきたといっても、ひょろひょろ歩きの時期を過ぎたばかりで、プロセスが終結するのはまだまだ遠い先のことである。短期の方向や長期の将来像がはっきりしないのも、それは当然のことと言えよう。しかし、いくつかの兆候が一種の趨勢《すうせい》を示している。すなわち、国と国との戦争によって勝負を決める時代は終わりつつあり、超国家的手段を用いて、国家よりもっと大きな舞台で問題を解決し目標を実現する時代が、静かに幕を開けようとしている(4)。

以上の理由に基づき、われわれは「超国家的組み合わせ」を超限組み合わせ戦の基本的な要素の一つと位置づけている。

政治、経済、思想、技術、文化が互いに浸透し、インターネット、クローン、ハリウッド映画、アイドル女性歌手、ワールドカップなど気軽に国境を超えることが示す境界の世界では、純粋な国家という意味での安全保障や利益追求を図る願望は、すでに実現が非常に難しくなっている。サダム・フセインのような愚かな人間だけが、赤裸々に領土を占領し、自分の野心を実現しようとした。こうしたやり方は二〇世紀末においては明らかに時代に背くもので、必ずや失敗に終わることを、事実が証明している。

国家の安全と国家の利益を追求する点では変わりないが、アメリカは成熟した大国として、イラクよりはるかに賢い。アメリカが国際舞台に登場した日から、だましたり力ずくで他国から奪い取ったりした利益は、イラクがクウェートから得たものより何倍多いかわからない。その由来は単に「強権すなわち公理」というだけでは解釈しきれないし、国際準則に違反しているかどうかの問題でもない。

なぜなら、アメリカは常に海外での行動において、自国がひとりぼっちで大衆から浮き上がるのを防ぐため、できるだけ多くの追随者を求めてきたからである。グレナダやパナマのような小国に対し、直接の単純な軍事行動を取ったとき以外は、アメリカはほとんどの場合は、超国家の方式で自国の利益を追求し、実現しようとした。

イラク問題においても、アメリカ人のやり方は典型的な超国家的組み合わせであった。すべてのプロセスにおいて、あの手この手を弄《ろう》し、あちこちで融通無碍《むげ》の活躍をし、国連のほとんどすべての国からアメリカの行動への支持を引き出し、初のグローバルな国際組織に大義名分のある出兵決議案を出させるとともに、さらに三〇余りの国をイラク軍討伐にひっぱり込んだ。戦後また、八年にわたってイラクに対する経済制裁を実施することにも成功した。また、兵器の査察を利用して、イラクに対して政治的、軍事的圧力をかけ続け、イラクを長期にわたり政治的孤立と経済的苦境の状態に陥れている。

湾岸戦争後、戦争や衝突における超国家的組み合わせの傾向はますます鮮明になっている。最近になればなるほど、この特徴はますます突出し、ますます頻繁に多くの国家によって採用されている。この傾向が形成された背景には、ここ一〇年間に国際社会に起きた急激な動揺と変化がある。世界経済の一体化、国内政治の国際化、情報資源のネット化、技術の世代交代の頻繁化、文明の衝突の隠微化、非国家組織の強大化などは人類社会に対し、利便性と同じほどの危険性をもたらした。これこそ、大国ないし一部の中小国家が期せずして同じように、問題解決の指針として、超国家的組み合わせに照準を定めている原因なのである。(5)

まさにこの原因によって、現代国家が直面する脅威は、一つ二つの具体的な国家からくるのではなく、多くの場合、超国家の力からくるのである。このような脅威に対処するためには、超国家的組み合わせの手段を用いる以外、よりよい他の方法は存在しない。実は古来新しいことなどなく、超国家的組み合わせにしても、必ずしも新大陸〔新しく発見されたものの意〕ではない。早くも中国の春秋戦国やペロポネソス戦争の時代に、合従連衡や同盟が、超国家的組み合わせの最も古い、最もお手本となる手段として、東西の策略家たちによって用いられてきたし、(6)今でもその魅力は衰えていない。時代が下って、湾岸戦争のときになっても、シュワルツコフ式の超国家的組み合わせは、相変わらず古典的な「同盟＋多国籍軍」の現代版だと言えよう。

もしも古代と現代の間に線引きして、何か違いを見つけるとするならば、それは、古代の人が行ったのは、国家と国家の組み合わせだけで、超国家、多国家、非国家組織の間の垂直、平行、交差の組み合わせではなかったということだ。(7)古代の人には想像もつかない勢力の出現によって、今日の戦法は、不変の原理を除けば、技術的手段から実際の運用に至るまで、すべてにおいて革命的な変化が起きている。「国家＋超国家＋多国家＋非国家」という斬新《ざんしん》なモデルは、根本から戦争の様相と結果を変え、ひいては昔から天地の如く永遠不変とされてきた、戦争の軍事的本質までも変えようとしている。

このように単に国家の力ではなく、超国家、多国家、非国家という三種の勢力を組み合わせて、衝突を解決するか、あるいは戦争を行う方式を、われわれは総称して「超国家的組み合わせ」と言う。すでに成功した模範例から予見できるように、超国家的組み合わせは今後の時代において、一つの国がさらに大きな範囲内で、国家安全の目標と戦略的利益を実現するための最も有力な兵器になるだろう(8)。

目下、唯一の世界級の大国となっているアメリカは、超国家的組み合わせを兵器として最もうまく利用する国である。アメリカは自国の利益にかかわる国際組織に参加する機会を絶対に逃がさないし、いかなる国際組織の行動も、アメリカの利益と緊密にかかわっていると一貫して見なしてきた。ヨーロッパ、南北アメリカ、アジアであれ、他の地域的国際組織、あるいはグローバルな国際組織であれ、アメリカは必ずそこに入り込んで、これを操ろうとしてきた。

一九九六財政年度のアメリカの『国防報告』は次のように直言してはばからない。「アメリカの利益を守り実現するために、アメリカ政府は他の国の政策と行動に影響を与える能力を持たなければならない。そのために、アメリカは国外での関与、とりわけアメリカの最も重要な利益が危険にさらされている地域での関与を保持することが要求されている(9)」

例えば、APECの成立に際しては、創設提案者のオーストラリアのホーク首相は当初、アジア諸国とオーストラリア、ニュージーランドなどだけを含むことを考えていたが、たちまちブッシュ大統領の強い反対に遭ったので、ＡＰＥＣのメンバー国をアメリカとカナダにまで拡大した。これと同時に、アジア・太平洋地域の経済協力の勢いを抑えるため、アメリカは一部のアジアの国に対し、単独で北米自由貿易圏と協定を結ぶように極力あおった。このように押したり引いたりして、アメリカは二重の組み合わせとも言える策略を弄している。

ひた隠しに隠していると人々に疑念を抱かせたのは、アジア金融危機を処理するアメリカ人の態度とやり方だった。危機が始まると、アメリカはアジア通貨基金を設立しようという日本の提案をただちに否定し、アメリカが大株主であるＩＭＦを通じて条件付きの支援計画を実施することを主張した。その意図は、アメリカの推進している経済自由化政策を受け入れるよう、アジア諸国に迫ることにあった。

例えば、ＩＭＦが韓国に五七〇億ドルの融資をする際に付けた条件は市場の全面的な開放で、これによってアメリカ資本は考えられないような低い価格で韓国企業を買収するチャンスをつかんだ。このように誰はばかることなく公然と、アメリカをはじめとする先進国のために市場空間を開かせたり、譲歩を迫ったりするやり方は、一種の形を変えた経済的占領に近いものとなっている(10)。

もしわれわれがアメリカ政府のこうしたやり方を、次のような現象と結びつけてみれば、すべてがぴったりと、完璧に嚙《か》み合っていることを発見するであろう。ソロスらによるアジア諸国に対する金融襲撃。アメリカ人の共同ファンド総額が一〇年の間に八一〇〇億ドルから五兆ドルに急増し、しかも今でも月に三〇〇億ドルという速さで増加しつつあるということ。[11] ムーディーズやスタンダード・アンド・プアーズおよびモルガン・スタンレーが、最も肝心なとき、または最も微妙なときに日本、香港、マレーシアの信用格付けを下げたこと。グリーンスパンが香港政府による「ヘッジファンド」への反撃に対して、ゲームルールの変更につながりかねないと懸念を表明したこと。アメリカ連邦準備制度理事会（FRB）が投機によって失敗した長期投資管理会社（LTCM）に異例の救助の手を差し伸べたこと。アジアで一時盛んに叫ばれていた「ノー」という声や、「アジアの世紀」という言い方が日増しに聞こえなくなったこと……などなど。[12]

もしも意識的にこれらを組み合わせて、ずっと望んでいた目標に打撃を与えれば、まさしく超国家組織＋多国家組織＋非国家組織の成功した組み合わせ行動ではないだろうか。アメリカ政府とFRBが共謀して、巨大な威力を持ちながらも姿も見せず音も出さないこのような兵器を設計し使用したという直接的な証拠はない。しかし、形跡から見れば、一部の行動は事前に彼らの奨励や黙認を得ていたということが、最低限言えるだろう。もっとも、ここでわれわれが論議したい問題のキーポイントは、アメリカ人が意識的にこれらの手段を使ったかどうかではなく、一種のスーパー兵器として、これらの手段が使えるかどうかだ。

そして答えはイエスなのだ。

●超領域的組み合わせ

領域とは、人類の活動範囲を区別するために、領土の概念から押し広められた概念である。この意味で、戦争領域とは戦争がカバーする範囲を限定的に表示したものである。われわれが提起した「超領域的組み合わせ」は「超国家的組み合わせ」と同じく一つの略語である。正確に言えば、この言葉の後に「戦争行動」という四文字を綴《つづ》って初めて、われわれがこのような概念を作り、使用している意図を完璧に表すことができるのである。この点を明確にしたい理由は「超○○的組み合わせ」という、超限的思考に駆り立てられた主張を、戦争およびそれに関連する行動の範囲内に限定するためである。

「超領域的組み合わせ」は、前に述べた「超国家的組み合わせ」と、後で述べる「超手段的組み合わせ」の中間に位置している。それは、われわれが論述するときの位置と同じように、型破りの超限的思考にとって必要不可欠の一環である。飛行機が音速障壁（サウンドバリア）を突破して超音速に入るのと同じように、戦争に従事する人間は領域の制限を突破して初めて、戦争思考の自由な状態に入ることができる。思想の制限を突破することは行動の制限を突破する前提である。

思想の制限を突破しなければ、たとえ直感に頼って行動の制限を突破したとしても、本当の悟りを得るのは難しい。例えば、アメリカ軍の「全次元作戦」理論は、われわれの「超領域的組み合わせ」と同工異曲（いわゆる全次元とは全領域のことである）であるが、アメリカ軍の「全次元作戦」は賢い軍人たちが突発的に思いついた作戦のようなもので、徹底的に突破した思想の上に築いたものではなかった。そのため、軍事革命を引き起こす可能性を秘めていたその思想の火花が、すぐに、不徹底な思考が必然的に直面する種々の障害にぶつかり、惜しくも消えてしまったのである。(13)

戦争領域の拡大は、人類の活動範囲が日増しに広がり、互いに融合していることの必然的な結果である。この現象に対し、人間の認識は終始、相対的に遅れた状態にある。遠い昔の曹劌から近くはコリンズまで、すぐれた見識を持った人物たちは、程度の差こそあれ、戦争の各領域間における相互に制約し合う関係を明確に指摘していた。だが今日に至るまで、大多数の戦争に従事する人たちの間では、すべての非軍事領域が戦争において軍事上の必要に服従する付属品と見なされてきた。

視野の狭さと思考の狭さによって、戦場の拡大と戦法の変化はすべて一つの領域内に限定されてしまった。クトゥーゾフが、退却に当たってすべてを焼却する策略をもってナポレオンに対抗するため、モスクワを焼き尽くし、惜しげもなく国の大半を破壊してしまったことから、第二次世界大戦でドレスデン大空襲や広島、長崎への原爆投下が、民間人の死傷をいとわず軍事的勝利を何よりも優先させたことや、最近の「大規模報復」、「相互確証破壊」戦略の提起に至るまで、この（軍事領域の限定という）様式を突破していない。

今こそ、このような偏った誤りを清算するときである。技術の大融合はすでに政治、経済、軍事、文化、外交、宗教の各領域間の交差と相互作用のために、インターフェースをしっかりと準備した。各領域が一体化する傾向はすでに顕著になってきており、それに加えて人権意識の向上も戦争の倫理に影響を及ぼしている。こうしたことによって、戦争を軍事領域に限定し、死傷の多少をもって戦争の熾烈《しれつ》度を測る観念が日増しに時代遅れのものになっている。戦争は血まみれの殺戮《さつりく》の世界から抜け出し、少ない死傷者、ひいては死傷者ゼロでありながら熾烈度がかえって高いという趨勢を示しつつある。これは情報戦、金融戦、貿易戦など全く新しい戦争様式が、戦争の領域で新たに切り開いた空間である。この意味では、もう戦争に利用されない領域などなく、戦争の攻撃的な形態を備えない領域もほとんどなくなっている。

一九八七年一〇月一九日、アメリカ海軍の艦艇がペルシャ湾でイラクの石油掘削施設を攻撃した。この情報がニューヨークの証券取引所に伝えられるや、たちまちウォール街の歴史上、最も悲惨な株式大暴落を引き起こした。この顔色を真っ青にさせる「ブラックマンデー」は、額面上で五六〇〇億ドルのアメリカ株式の損失をもたらした。これはフランス一国分の金融資産がすっからかんに消えたに等しい。

それから数年後、軍事行動によって株価暴落を誘発し、さらに経済恐慌をもたらす一幕が再び上演された。一九九五年から九六年にかけ、中国大陸は二回にわたって、台湾海峡でのミサイルの試射と軍事演習を実施すると発表した。ミサイルが空中を飛ぶと同時に、台湾の株価は急落し、雪崩のような連鎖反応が起きた。

上述の二例は、われわれが言う超領域的組み合わせではないし、とくに最初の例は愚かな自業自得にほかならないが、その予想外の結果はわれわれの思考の道筋を啓発するに十分である。もしも意識的に二つないしもっと多くの、一見して互いにかかわりのない領域を、一種の戦法として組み合わせて使うなら、その効果はよりすぐれたものになるのではないか。超限思考の角度から言えば、「超領域的組み合わせ」とは、すなわち戦場の組み合わせである。どの領域も軍事領域と同じように、未来の戦争の主導的な戦場になる可能性がある。

「超領域的組み合わせ」の目的の一つは、どの領域を主戦場として選べば、戦争目標の実現のためにより有利になるかを考えることである。

アメリカとイラクの対抗の実践から見ると、「砂漠の嵐」の四二日間にわたる軍事行動の後、八年間も続いた軍事圧力+経済封鎖+兵器査察は、アメリカがイラクに打撃を与えるため、新しい戦場で超領域的組み合わせを用いた戦法である。経済封鎖がイラクにもたらした大きな非軍事的損壊は別として、バトラーが率いる国連兵器査察特別委員会が、数年の間に大規模殺傷兵器の査察や廃棄を通して、イラクの軍事上の潜在力形成に与えた打撃だけでも、湾岸戦争における空爆戦果の合計をはるかに超えている。

これらの事実は、戦争がもはや純粋な軍事領域内の行動ではないことを物語っている。どんな戦争の動きや結果も、政治、経済、外交、文化、技術などの非軍事的要素によって決定されたり変えられたりする可能性がある。地球上の隅々まで広く影響を及ぼす軍事的、非軍事的衝突に直面し、われわれは、思考様式の上から、地域を限ってそこから出るのを禁じる種々の限界を突破し、戦争によって全面的に波及するすべての領域を、慣れた手つきで切る手中のトランプに変え、超限戦法を用いてすべての戦争資源を組み合わせることによって初めて、勝利の権利を得る可能性を持つことになろう。

●超手段的組み合わせ

両国が交戦し両軍が戦っているとき、特別の手段を使って、遠い後方にある敵軍の家族に対して心理戦を展開する必要はないだろうか。[14]自国の金融の安全を守るため暗殺という手段を使って、金融投機家に対処することはできないだろうか。[15]麻薬や密輸品の策源地に対し、相手国に宣戦布告しない限度内で「外科手術式」の打撃を与えることはできないだろうか。他国の政府や議会に影響を加えるため、専門的なロビー集団を使う運営基金を設立すべきではないだろうか[16]。買収あるいは株式取得といった方法で、他国の新聞やテレビ局を、メディア戦の遂行に対する道具に変えることはできないだろうか[17]。

手段の使用が正当であるかどうか、すなわち公認された倫理上のルールに合致するかどうかという点を別にすれば、上述した課題のもう一つの共通点は、それらがすべて超国家的、超領域的な手段を用いているということ、すなわちわれわれが言う「超手段的組み合わせ」問題に絡んでいるということである。超手段とは何か、なぜ超手段が必要かをはっきりさせるために、まず「手段とは何か」を明確にしておかねばならない。

この問題は全く問題でないように見える。誰もが知っているように、手段とは目標実現のために使う方法や道具のことだ。しかし、もしも大は国家や軍隊から小は策略や兵器に至るまで、何もかも手段と総称するならば、問題はそう簡単ではなくなる。

手段の相対性は、理解にかなり骨の折れる問題である。

この相対性は、あるレベルでは手段的なものとして表現されるが、別のレベルでは目的に変わる可能性がある。超国家の行動にとっては、国家こそ手段なのだが、国家の行動から言えば、軍隊やその他の国家的力が手段となり、国家はすなわち目的になる。このように類推していくと、大小が違い、サイズの異なる手段は重ね合わせの中国のお盆のように、どの手段もさらに高いレベルの目的に奉仕すると同時に、それ自身がまた一級低いレベルの手段の目的となる。目的はさておき、手段が複雑なのは、いかなる角度やレベルから、いかなる事物を手段として理解するかという点にある。

領域の角度から見ると、軍事、政治、外交、経済、文化、宗教、心理、メディアなどの領域はすべて手段と見なすことができる。領域をさらに細分化すると、例えば、軍事領域においては、戦略戦術、軍事的威嚇、軍事同盟、軍事演習、軍備管理、兵器の禁輸、武力封鎖から武力に至るまで、無論すべてが軍事手段である。

一方、経済援助、貿易制裁、外交斡旋《あっせん》、文化の浸透、メディアによる宣伝、国際ルールの制定と利用、国連決議の利用などといった手段は、それぞれ政治、経済、外交など異なる領域に属すると同時に、政治家たちによって、準軍事手段としてますます運用されている。

方法の角度から言うと、哲学的方法、技術的方法、数学的方法、科学的方法、芸術的方法などは、いずれも人類が自らに幸福をもたらすのに使われる一方、戦争の手段としても使うことができる。例えば技術である。ＩＴ、材料技術、空間技術、バイオテクノロジーなど、新しい技術の出現と発展は手段の陣容を拡張しつつある。

例えば数学だが、兵力配置、弾薬数、弾道計測、殺傷確率、作戦半径、爆発当量などのような軍事用語の中に、数学的方法の影を発見できない場所はない。このほか、哲学、科学、芸術の各方法も軍事の知恵と軍事行動を支える強力な手段であり、これこそ、人々がいつも軍事思想、軍事理論、軍事実践を軍事哲学、軍事科学、軍事芸術と呼ぶ原因である。リドル・ハートは戦略という用語を、「軍事手段を運用して政策の目標を実現する芸術」と定義づけた。

このことからもわかるように、手段は範囲が広く、レベルが何層にもわたり、機能が交差し、把握しにくい概念である。手段に対する認識の視野を広げ、あらゆるもので手段にならないものがないという道理を理解して初めて、手段の運用のやりくりが難しいとか、手の内を出し尽くして窮地に陥るといったことがなくなるのである。

一九七九年、イランで起きたアメリカ大使館占領・人質事件という危機に遭遇し、アメリカは当初、軽率にも軍事手段を採用することしか知らなかった。しかし、失敗してからやっと手法を変え、イランの海外資産をまず凍結し、兵器の禁輸を実施するとともに、イラン・イラク戦争でイラクを支持し、さらに外交交渉も加えたり、多くの手段を同時に使って、ようやく最後に危機を解決できた[18]。

この事件は、これまでになく複雑化した世界では、手段の様式や適用範囲も絶えず変化しており、どんなにすぐれた単一の手段でも、多種類の手段の併用に比べ、より一層の優位性を持つことはありえないことを説明している。したがって、超手段的組み合わせは必要不可欠なものに変わったのだが、惜しいことに、この面を自覚的に意識している国は必ずしも多くはなく、逆に多様な利益を追求する非国家組織が、多種類の手段の組み合わせと運用を極力図っている。

例えば、ロシアのマフィアは財や富を奪うため、暗殺、誘拐のほか、ハッカーを使った銀行の電子システム襲撃などの手段を組み合わせているし、一部のテロ組織は政治目的のために、爆弾の投擲《とうてき》、人質の拉致《らち》、インターネット上の襲撃などの手段を組み合わせている。ソロスらは金融市場での混乱に乗じてぼろ儲《もう》けするため、為替《かわせ》市場、株式市場、先物市場など、すべての投機手段を組み合わせている。彼らはまた、世論を利用して気勢を上げ、メリル・リンチ、フィディリティ、モルガン・スタンレーなどを誘導してかき集め、(19) これらの会社と手を組んで巨大な市場操作力をつくり、次から次へと世間を動転させる金融大戦を展開した。

これらの手段は（暴力的傾向を帯びてはいるものの）、軍事的性質はほとんど持たない。しかし、その組み合わせ使用の方式は、戦争において、どのように軍事的あるいは非軍事的手段を効果的に使用するかについて、われわれに啓発を与えてくれている。なぜなら、今日では一つの手段の有効性を測ろうとする場合、主として、その手段の属性がある種の倫理基準に合っているかどうかを見るのではなく、それがこの原則、すなわち目標を実現する上で最良のルート・原則に合致しているかどうかを見極めることが大切である。

この原則に合致している限り、それは最もよい手段なのだ。ほかの要素は完全に無視してもよいとは言えないが、それが目標の実現に有利だということを前提としなければならない。言い換えれば、超手段的組み合わせが最初に超えなければならないのは、ほかでもなく、手段そのものが隠し持っている倫理基準あるいは規範原則である。しかしこうした超越は、一つの手段を別の手段と組み合わせることよりも、さらに困難で複雑である。

既存の観念を完全に超越することによって、われわれは初めてタブーを脱し、手段選択の自由、すなわち超限の境地に入ることができる。というのは、われわれにとっては、単に既成の手段を通して目標を実現するだけでは不十分で、目標実現の最良のルートを探し出すことがさらに必要だからだ。すなわち、どのように正確かつ有効に手段を運用するか、言い換えれば、いかにして意識的に異なる手段を組み合わせ、新しい手段を創造して目的に到達するかということである。

例えば、経済一体化の時代において、ある経済大国が他の国の経済に打撃を与えると同時に、その国の国防にも打撃を加えたいと考えた場合、経済封鎖や貿易制裁、あるいは軍事的威嚇、武器禁輸などの既成の手段を全く取らなくともよい。自国の金融政策を調整し、通貨の切り上げ、あるいは切り下げを主要手段とし、世論操作やルールの変更などを組み合わせるだけで、標的とする国と地域に金融の混乱、経済危機を生じさせ、軍事力を含むその総合国力を弱めることが十分可能である。

東南アジアの金融危機によって同地域の軍備競争の熱が下がった事例からも、こうした可能性が完全に存在することを見て取れる。ただし今回の金融危機は、必ずしもどこかの大国がわざわざ自国通貨を切り下げたために起きたものではない。今は中国のような準グローバル的大国でも、自国の経済政策さえ変えれば、世界の経済に衝撃をもたらす能力を持っている。

もし中国が私利私欲の国であれば、一九九八年のときに約束に背いて人民元を切り下げ、（危機にあった）アジア経済にさらなる災いをもたらし、同時に世界の資本市場の激変を誘発したであろう。そうなれば、外国資本の流入に頼って自国経済の好景気を維持している世界一の債務国アメリカですらも、必ずや経済的重傷を負ったに違いない。このような結末は確かに、軍事的打撃よりすぐれていると言えよう。

情報が相通じ、利益が絡み合っている現実の下で、戦争の外延は日増しに拡大し、影響力の大きいどの国も、軍事手段に依拠するだけではない、他の国を脅かす多様な能力を備えることになった。単一手段の使用は効果がますます微々たるものになり、多様な手段の併用はその優位性がますます顕著になってきている。このことは、超手段的組み合わせのために、また同時に、この組み合わせを戦争あるいは準戦争行動に運用する上で、扉を大きく開いた。

●超段階的組み合わせ

一つの戦争は一つの歴史となり、鉄溶液が徐々に冷めるように、戦争のプロセスが少しずつ見えてくる。最初の小規模な、局地的戦闘から、これらの戦闘の前後左右が合体した戦役まで、ひいてはさらにいくつかの戦役によって構成される戦争、最終的に戦争が地域間あるいは世界的にエスカレートしていく大戦争まで、戦争は一段一段見えない階段を上ってきたか、あるいは、この階段を一段ずつ下りつつある。各段階にはうめき声を上げる負傷兵や戦死者の遺体が散乱し、勝利者の高揚した大砲や敗北者が投げ捨てた銃器が一面に散乱し、また、愚かなあるいは英知に満ちた術策や謀略、プランも散らばっている。

もしもわれわれが戦争史の最後の一ページから、一章一章前の方にページをめくっていけば、すべてのプロセスが積み重ねられたものであり、すべての結果も積み重ねられて出てきたことに気づくだろう。勝利も積み重ねであれば、失敗も積み重ねである。交戦した双方にとって、結果へとたどり着く道は同じ道であり、唯一の違いは、段階を上っていくのか、下りていくのかということだ。飛躍と突然の変化はともに最後の段を踏んだその瞬間に生じるのだ。

これこそ、ほぼ法則と言ってもいいものである。

法則は尊重しなくてはならない。法則に逆らったり、法則を破ったりすることは慎まなければならない。

ところがここに問題がある。われわれが考えているのは、まさにこの法則にどう逆らい、あるいは法則をどう打ち破るのかということだ。われわれは、すべての戦争が必ずや一段一段順を追って漸進し、その積み重ねの最後に運命の「その瞬間」が決まるというふうには考えない。われわれは「その瞬間」をつくりだせると考えている。その瞬間まで積み重ねていくのを待たずに、いつもその瞬間をつくりだせる方法を見つけ、しかもそれを一つの戦法に練り上げることこそ、われわれが行おうとしていることである。

われわれはもちろん、兵士一人だけでは軍隊にならないのと同じように、一回の戦闘だけでは戦争を構成しないことを知っている。しかし、これはわれわれが言おうとしていることではない。われわれの問題は、いかにして一つの方法を用いてすべての段階を打ち破るかということであり、同時にまた、一つの戦闘あるいは戦術レベルの行動を、戦争あるいは戦略レベルの行動と直接組み合わせるように、これらの段階を思うがままに組み合わせるということである。それは例えば、手足や胴体を好きなように頭につなぎ合わせるのと同じように、戦争を、すべての環節の上で臨機応変に組み合わせ、どの方向にも自由自在に動ける一体の竜に作り替えることである。

この方法がすなわち「超段階的組み合わせ」である。段階も一種の制限であり、国家の限界、領域の限界、手段の限界と同じく、超限組み合わせ戦が実際の運用時に超えなければならない限界である。

ハーマン・カーンは核戦争へと通じる敷居をいくつかのレベルの段階に分けており、似たような段階は他の様式の戦争にも同様に存在する。しかし、もしも彼の思考の筋道に沿って進んでいくなら、四四段階の区分が細かすぎて、操作に不便であることがわかる。[20] また、戦争の熾烈度に着眼して、段階を区分しているために、戦争レベルに対する実質的な洞察を欠いている。

われわれから見れば、戦争の規模とそれに対応する戦法という二つの面からメスを入れれば、戦争の段階区分は大幅に簡素化でき、四段階のレベルに分ければ十分である。この点では、われわれはアメリカの一部軍事アナリストの見方と基本的に一致しており、言い方が違うだけである。具体的な区分は下記の通りである。

大戦――戦策
戦争――戦略
戦役――戦芸
戦闘――戦術

第一レベル、「大戦――戦策レベル」。規模では超国家を上限とし、国家を下限とする軍事と非軍事の戦争行動である。これと対応する戦法は「戦策」であり、すなわちコリンズが言う「大戦略」である。このレベルの戦法は主に戦争の政治的策略に及ぶので、われわれは「戦策」と名づけている。

第二レベル、「戦争――戦略レベル」。国家レベルの軍事行動で、このレベルより上の非軍事の戦争行動を含む。対応する戦法は「戦略」で、すなわち国家の軍事策略あるいは戦争策略である。

第三レベル、「戦役――戦芸レベル」。規模では戦争より小さく、戦闘より大きい作戦行動である。このレベルは、これまでずっと対応する戦法の名称がなかった。通常用いている「戦役」という概念は、明らかに作戦の規模と作戦方法の意味を混同しているので、われわれは「戦芸」という言葉を選んで、その名前とした。このレベルの作戦は「略」より低く、「術」より高いもので、作戦芸術の意味に通暁している必要がある。

第四レベル、「戦闘――戦術レベル」。最も基本的な規模の作戦行動であり、これと対応する戦法は「戦術」である。

どのレベルの作戦規模の段階にもそれに対応する作戦方法があることは、一目瞭然《りょうぜん》である。伝統的な軍人にとっては、一生の課題はこれらの戦法の操作にいかに熟練し、自分の置かれたレベルで毎回の作戦をいかにうまく遂行するかということだろう。

しかし、二一世紀に身を置く軍人たちにとって、単に固定されたレベルでこれらの戦法を練習するだけでは、とても不十分なことは明らかである。彼らは必ずや、いかにしてこれらの段階を打ち破り、超国家的行動から具体的な戦闘までのあらゆる要因を組み合わせて、戦争に勝つかということを習得しなければならない。

これは必ずしも完成できない任務ではない。はっきり言って、とても簡単なものだ。戦策、戦略、戦芸、戦術を思う通りに接合する方法として見た場合、超段階的組み合わせの原理は、役割の互換あるいは位置の転換にほかならない。

例えば、ある種の非軍事行動の戦略手段を用いて、戦闘任務の完成に協力する。あるいはある種の戦術的手段を使って、戦策レベルの目標を実現する。戦争の趨勢から見ると、あるレベルの問題を解決するには必ずしもそれと同レベルの手段が必要でないことは、ますます多くの形跡が示している。小さな力で大きな物を動かすことであれ、牛刀で鶏を殺すことであれ、操作さえうまくやれば、いずれも実行可能な方法なのである。

ビンラディンは車二台の爆薬という純戦術レベルの手段で、アメリカの国益に対し戦略レベルの脅威を与えた。一方のアメリカ人は、その戦術レベルの報復行動を通じて、自国の安全保障という戦略レベルの目標を達成するしかない。

別の例を挙げてみよう。今までの戦争では「人間――マシン」の組み合わせは最小の作戦単位であり、その役割は一般的には、戦闘の規模を超えることはなかった。これとは異なり、超限戦での「人間――マシン」の組み合わせは、戦術レベルから戦策レベルまで多重のレベルにまたがる攻撃能力を有している。一人のハッカープラス一台のモデムが敵に与える破壊は、ほとんど戦争にも匹敵する。各段階の作戦にまたがるという広範囲性と隠微性を持っているがゆえに、こうした単兵作戦の方式は戦略レベル、ひいては戦策レベルの効果を非常に発揮しやすい。

これこそ、超段階的組み合わせの要領と意義である。

国家と超国家を主体とする戦争と非軍事戦争の間には、超えることのできない領域など何もないし、相互に組み合わせることのできない領域や手段も存在しない。グローバル化時代に対する戦争行動の対応は、「超」というただ一つの文字に表現される。この「超」という字は一をもって十分、万の変化に対応できる。われわれが言う「すべてはただ一つに帰する」とは、まさしくこの「超」という文字に帰結することなのである。

超限組み合わせ戦はまず第一に一つの思考法であり、手法はあくまでもその次であるということを、再度指摘しておこう。

注

（1）B・ラッセルはマキャベリについてこう述べている。「人々はずっと彼に驚かされるのに慣れていたし、彼はときには世間を驚かせるようなことをした。しかし、もし人々が彼と同じように偽善から抜け出れば、多くの人が彼のように思考することができよう……（マキャベリから見れば）、もし目的がよいものだと認められたら、われわれは必ずやその任に堪える十分な手段を選んで、その目的を達成しなければならない。手段の問題は純科学的な態度で処理できるものであり、目的の善し悪しを顧みる必要はない」（『君主論』湖南人民出版社、一九八七年、pp.115～123）

（2）戦国時代に生まれた韓非子は、法家（思想）を集大成した人である。言うこともやることも実際の功利や効果を重んじ、「言動は功利をその目的とする」のであって、ほかの目的あるいは制限はない（侯外廬ほか著『中国思想通史』人民出版社、一九五七年、p.616）。

（3）アルビン・トフラーは著書『パワーシフト――二一世紀直前における知識、富と暴力』の中で、一節を割いて「新型のグローバル組織」について、こう述べている。「われわれは重大な意味を持つ力の移動を目にしている。すなわち、一つの国家あるいは国家集団がグローバルな格闘士に変身しつつある」。いわゆる「グローバルな格闘士」とは、EUから多国籍企業までの大なり小なりの非国家の実体を指している。国連の『一九九七年投資報告』の統計によると、全世界にはすでに四万四〇〇〇の多国籍企業と二八万の海外子会社や傘下企業がある。これらの多国籍企業は世界の三分の一の生産をコントロールしており、世界の七〇％の対外直接投資、三分の二の国際貿易、七〇％以上の特許やその他の技術移転を握っている（『光明日報』一九九八年一二月二七日第三面、李大倫の記事「経済グローバル化の二重性」から引用）。

（4）ブレジンスキーの見方によると、二一世紀にはいくつかの国家グループ組織が形成されるだろうという。例えば、北米グループ、ヨーロッパ・グループ、東アジア・グループ、南アジア・グループ、イスラム・グループ、ヨーロッパ・アジア・グループなどである。これらのグループ間の争いは未来の衝突に主導的な役割を果たすだろう（『コントロールの喪失―二一世紀前夜の世界的混乱』、中国語版『大規模なノーコントロールと大混乱』中国社会科学出版社、p.221）。国連の役割がますます増大していることは、こうした趨勢を体現している（『二一世紀に向かう国連』世界知識出版社を参照）。

（5）例えば、ＡＳＥＡＮやアフリカ統一機構（ＯＡＵ）などは、すでに地域問題を解決できる、軽視してはならない超国家組織になったか、あるいはそうなりつつある。

（6）戦国時代の「合従」（六カ国が連合して秦に対抗する）と「連衡」（秦が一国あるいは数カ国と連合して他国の連合を攻撃する）は、国と国の同盟の模範例であった（『戦国策注釈』中華書局、一九九〇年、p.4）。

（7）現代の超国家的組み合わせは、単に国家組織と国家組織との間の組み合わせだけでなく、国家と多国家、さらには非国家組織との組み合わせをも含んでいる。東南アジアの金融危機では、ある国とIMFおよびヘッジファンドとの暗黙の協力が見られた。

（8）ブレジンスキーは新著『壮大な対局――アメリカの第一に重要な地位およびその地縁戦略』の中で、世界の安全のために「ヨーロッパ大陸とアジア大陸にまたがる安全保障体系」を樹立するという新しい処方箋《しょほうせん》を出した。この体系はアメリカ、ヨーロッパ、中国、日本、ロシア、インドなどの国を中核とする。ブレジンスキーの処方箋が効き目があるかどうかはさておき、彼は少なくともわれわれと同じ思考、すなわち、さらに広い範囲で国家の安全問題を解決することを、明快に指摘している。カール・ドウは「国際組織は往々にして、人類が民族国家の時代から抜け出る最良の道だと考えられており」、一体化の第一に重要な任務は「平和維持」であると述べている（カール・ドウ著『国際関係分析』世界知識出版社、p.332）。

（9）アメリカ国防総省一九九六財政年度『国防報告』、軍事科学出版社、p.5。

（10）『文藝春秋』（日本）一九九八年八月号に掲載された石原慎太郎《いしはらしんたろう》の一文「新アジア攘夷論《じょういろん》」は、アメリカが今回のアジア金融危機に際して取ったさまざまなやり方はアジアに打撃を与えようとする戦略的陰謀だ、と指摘している。この「ノーという」人物の見方はいくぶん過激ではあるが、見識のあるものだ（一九九八年八月一五～一六日『参考消息』）。

(11) 一九九八年九月二九日『参考消息』第一一面に転載されているアメリカ『フォーチュン』誌の文章を参照。

(12) 石原慎太郎と同じ見方をしているウォッチャーは必ずしも少数ではない。ロシア『フォーラム新聞』七月一六日に掲載された経済専門家、コンスタンチン・ソロチンの文章「同盟国はアジア金融危機の中でどんな役割を演じたのか」も、同様の見方を述べている（一九九八年八月一五日『参考消息』を参照）。

(13) 現在のアメリカ陸軍において、「全次元」は軍事分野に限られた概念である。例えば、『二〇一〇年の統合部隊の構想』にある「全次元防御」原則の趣旨は、アメリカ軍に対する情報通信の保護を強化するところにある。アメリカ陸軍資材司令部司令官ジョン・E・ウィルソン大将から見れば、グローバルな範囲で機動性を持つことのできる「明後日の陸軍」こそ「全次元部隊」である。ここから、アメリカ陸軍の「全次元」に対する思想がその精髄を取り去って、いたずらに名前だけを残したものであることが見て取れる（季刊『統合部隊』一九九六年夏季号を参照）。

(14) アメリカ国防総省は、敵が軍人家庭の住所や社会保険番号、クレジットカード番号を利用して軍人に攻撃をかけることを防ぐため、インターネットの軍サイトへの保護を強化している。

(15) イギリス政府は、その特殊工作員がテロ国家と認定された政府の首脳を暗殺することを許可したが、それならば、もしある国が自国の経済に壊滅的な打撃を与えた金融投機家を戦犯あるいはテロリストと見なして、（イギリスと）同じ方式に基づき処置しても、正当だと考えてよいのではないだろうか。

（16）代議制国家の議会はロビイスト集団の包囲から逃れられない。例えば、アメリカのユダヤ人組織や全米ライフル協会は、よく知られたロビー集団である。実は、似たようなやり方は中国の古代にもあった。秦朝末期の楚と漢《かん》が争っていたとき、劉邦《りゅうほう》が陳平《ちんぺい》に大金を渡したのは、戦場の外で項羽《こうう》を打ち負かすためであった。

（17）ある情報によると、ソロスはアルバニアの新聞をコントロールすることによって、同国の政局を操っていたという。

（18）カール・ドウ著『国際関係分析』pp.272～273を参照。

（19）バートン・ビッグズはモルガン・スタンレー社の世界戦略アナリストとして、全世界で最も影響力のある投資戦略家と見なされている。というのは、彼は三〇〇〇億ドルの資産を有するこの会社の総裁であり、一五％の株を所有しているからだ。タイと香港の金融危機が起きる前に、彼とその会社はなんらかの振る舞いをし、投機家たちに方向を示した（宋玉華、徐憶琳「現代国際資本の移動法則についての考察」『中国社会科学』一九九八年第六号を参照）。

（20）ハーマン・カーンの『エスカレーター：概括的（あるいは抽象的）説明』については、カール・ドウ著『国際関係分析』、p.234を参照。アメリカ軍は普通、戦争活動を戦略レベル、戦役レベル、戦術レベルという三つのレベルに分けている（アメリカ空軍規定ＡＦＭＩ－１『アメリカ空軍の航空・宇宙基本理論』一九九二年版、軍事科学出版社、pp.１０６～１１１）。

第八章　必要な原則

原則は行為の準則であるが、絶対的な準則ではない。

――ジョージ・ケナン

戦争史上、最初に原則をもって作戦方式を固定した人は孫子だったと思われる。「彼れを知りて己れを知れば、百戦して殆《あや》うからず」、「其《そ》の無備を攻め、其の不意に出《い》ず」、「実を避けて虚を撃つ」などの原則はよく知られ、今日でも戦術家の行動の信条となっている。

一方、西洋では、それから二四〇〇年後に、ナポレオンが、後に世界的に有名な士官学校の門に名前を飾ったサンシールという人物に、「一冊の本を書き、戦争の原則を正確に記述して、すべての兵士に配りたい」という気持ちを漏らした。残念なことに、戦争に勝ったとき、彼には時間がなく、負けてからは書く意欲を失ってしまった。一生の間に一〇〇回近い勝利を記録した大将軍にとって、これは大きくはないが小さくもない遺憾の念を残したに違いない。ただし偉人に生まれ、その勝利の功績が卓越している限り、いずれ後世の人が根掘り葉掘りただして、勝利の経験を総括するだろう。

そして一〇〇年後、J・F・C・フラーというイギリスの将軍が、生前も死後もイギリス人を恐れさせた宿敵が指揮した戦争を整理して、近代戦争を指導する五カ条の原則にまとめた(1)。ここから、西側の近代戦争の原則が生まれた。多くの国の軍事規定や一部の軍事理論家たちが、相次いであれこれの戦争原則を打ち出したが、どれもフラーのまとめた原則と大同小異である(2)。なぜなら、ナポレオンの戦争から湾岸戦争の前まで、殺傷力や破壊力が絶えず大きくなった以外には、戦争の形態そのものには実質的な変化はなかったからである。

今では状況に変化が生じた。その変化のすべてが、湾岸戦争中および戦争後に起きたのである。精密誘導兵器、非殺傷兵器、非軍事兵器の投入と使用によって、戦争がもはや殺傷力と破壊力を高める軌道に沿って暴走することはなくなり、有史以来初めての方向転換を始めた。これは、一部の職業軍人が不案内と感じる原則のために、次の世紀の戦争に通じる新しい軌道を敷設した(3)。

いかなる原則も根拠がないものではない。戦争の原則はなおさらである。どの軍事思想家の頭脳から生まれたにしても、あるいはどの軍事規定から出されたにしても、それは必ず戦争という溶鉱炉と鉄床《かなとこ》の中で、よく鍛錬され、鋳造された製品である。

春秋時代の戦争がなければ、孫子の戦争原則はありえず、ナポレオンの戦争がなければ、フラーの戦争原則もありえなかった。同じように、湾岸戦争前後に全世界的な範囲で大小さまざまの軍事、準軍事ないし非軍事の戦争がなければ、アメリカ人の「全次元作戦」とわれわれの「超限組み合わせ戦」という、戦争の新概念も提起されることはなかったし、これと共生する作戦原則を世に問うことも当然なかったであろう。

「全次元作戦」理論が中途半端のまま挫折《ざせつ》したことを残念に思っているからこそ、われわれは「超限組み合わせ戦」を単なる理論・思弁のレベルにとどめず、実際に操作できる戦法状態へと進化させることを考えた。われわれが唱える「超限」思想の真意は、あらゆる限界を破ろうとするところにあったのだが、一つだけ守らなければならない限界がある。それはすなわち、作戦行動を行う際に必要な原則を遵守することだ。ただし、原則自体がある特殊な状況下で破る必要があった場合は別である。

戦争の法則に対する思考がある種の戦法に凝縮されたとき、原則もそれに伴って生まれてくる。ただしこれらの戦法と原則は、新たな実戦による検証を経なければ、次の勝利に通じる標識になれるかどうか、まだ断言はできない。しかし必要な原則の提出は、戦法を完璧《かんぺき》なものにする上で必要不可欠な理論工程である。

以下の原則がいったい「超限組み合わせ戦」に何をもたらすのか、見てみよう。

全方向度　リアルタイム性　有限の目標　無限の手段
非均衡　最少の消耗　多次元の協力　全過程のコントロール

全方向度——三六〇度の観察、設計とあらゆる関連要素の組み合わせ

「全方向度」は「超限戦」思想の出発点であり、またその思想の覆う面である。戦法の大綱的な原則として、全方向はその実施者に対し、基本的に次の点を求めている。「今度の」戦争と関係のある要素を全面的に考慮し、戦場と潜在的な戦場を観察し、計画と使用手段を設計し、動員できるすべての戦争資源を組み合わせること。そうすれば、視野には盲点がなく、考え方にはぬかりがなく、方位には死角がない。

超限戦にとって、戦場と非戦場の区別は存在しない。陸、海、空、宇宙などの自然空間も戦場であるし、軍事、政治、経済、文化、心理などの社会的空間も戦場である。こうした二大空間をつなぐ技術の空間は、なおさら敵対する双方が激しく奪い合う戦場である(4)。

戦争は軍事的なものであってもよいし、準軍事的あるいは非軍事的なものであってもよい。暴力を使ってもよいし、非暴力的なものでもかまわない。職業軍人の間の対抗かもしれないし、一般人あるいは専門家を主体とする新しい戦力の対抗となるかもしれない。超限戦のこれらの特徴は、伝統的な戦争との分水嶺《れい》であり、また新しいタイプの戦争のために仕切ったスタートラインでもある。

「全方向」は、実戦性の強い原則として、超限組み合わせ戦の各レベルに適用される。戦策レベルでは、国家全体の戦力ないし超国家の戦力を大陸間あるいはグローバルの戦争と組み合わせて運用することを指している。戦略レベルでは、軍事目的と関係のある国家資源を戦争の中で組み合わせて運用することを指している。戦芸レベルでは、軍隊あるいは軍隊規模の主体が、戦役の目標を達成するため、特定の戦場で各種の手段を組み合わせて運用することを指している。戦術レベルでは、一つの部隊あるいは部隊規模の主体が、一定の任務を遂行するため、戦闘中に各種の兵器や作戦方法を組み合わせて使うことを指している。同時に、上記のすべての組み合わせが各レベル間の交差した組み合わせを含んでいることも忘れてはならない。

最後に、毎回の具体的な戦争は、その作戦範囲が必ずしもすべての空間や領域に広がるとは限らないが、「全方向」で考え、戦局を把握することが、超限組み合わせ戦の第一原則であることを明確にしておかねばならない。

リアルタイム性――**同一時間帯に異なる空間で行動を展開する**

現代の戦争が擁する技術手段、とりわけＩＴの普及、遠隔作戦技術の登場および戦場転換能力の増強は、分散し性格が異なる戦場を一体化し、さまざまな軍事力と非軍事力を並行して戦争に持ち込み、戦争の進展プロセスを大幅に短縮した。かつて戦役や戦闘の積み重ねを通じて、段階別に達成する必要のあった多くの目標は、今や同時到達、同時進行、同時完成の要求が出された後、速やかに実現される可能性がある。このために、作戦時の「リアルタイム性」が強調され、それは「段階性」を超えつつある。(5)

綿密な計画の前提下で、異なる空間、異なる領域に分布する戦争の要素は、突然性、隠微性、有効性を達成するため、統一的に約束した同じ時間帯に、戦争の目標をめぐって、ばらばらだが秩序をもって、暗黙の了解に呼応した組み合わせ式の攻撃を展開する。全戦域にわたるリアルタイムの行動は、ほんの短い時間の超限戦にすぎないかもしれないが、戦争の命運を決めるに十分である。ここで言う「リアルタイム」とは、一分一秒も違わない「同時」ということではなく、「同一時間帯」を指している。こうした意味において、超限戦は名実相伴う「時間の決定戦」である。

これを尺度とすれば、アメリカ軍の軍事領域内における行動能力は、この水準に一番接近している。アメリカ軍が現在所有している装備技術に基づけば、一つの情報戦役システムは、一分以内に一二〇〇機の航空機に四〇〇〇〇の目標のデータを提供することができる。加えて遠距離打撃兵器システムの大量採用によって、「全戦域同時攻撃」という作戦思想が提起され、空間においては外郭から徐々に奥の方へ進攻し、時間においては徐々に行動を展開していくという古い戦争様式から脱皮し始めた。だが、アメリカ軍のこの面での思考は、軍によって発表された公開文書を見る限り、いまだに軍事行動の範囲内に限定されており、軍事領域以外の戦場にまでは押し広めていない。

有限の目標――**手段の及ぶ範囲内で行動の指針を確立する**

目標の有限性とは手段に対していうものである。したがって、有限の目標を確立する原則は、目標が永遠に手段より小さいということである。

目標を確定するときは、それの実現可能性を十分に考え、空間と時間の上で限定されない目標を追求しないことだ。有限性があって初めて明確性、現実性があるのであり、操作性を持つことができる。同時に、一つの目標を実現できた後、次の目標を追求するという弾力性を保つことができる。(6)

目標を確立するときは、大いに手柄を立てたい心理を抑えて、意識的に有限の目標を追求し、たとえそれが正しくとも、力の及ばない目標を排除することだ。なぜなら、実現できる目標はいずれも有限なものだからである。どんな原因であれ、目標が手段の許す範囲を超えれば、災難な結果をもたらすだけである。

マッカーサーが朝鮮戦争中に犯した過ちこそ、有限の目標を拡大した最も典型的な例である。その後、アメリカ人がベトナムで、旧ソ連人がアフガニスタンで犯した同様の過ちも次のことを証明している。誰であろうと、どんな行動であろうと、目標が手段より大きい限り、必ず失敗すると。

この点について、現代の政治家や軍事専門家のすべてが理解しているわけではない。一九九六財政年度のアメリカの『国防報告』は、「世界最強の国家として、われわれには指導する義務があり、われわれの利益と価値観が重大な危害を受けたときには行動を起こす」とのクリントン大統領の言葉を引用している。

クリントンはこう発言したとき、国家利益と価値観が完全に二つの異なるレベルの戦略目標であることを意識していなかった。もしも前者が、アメリカ人の能力をもってすれば行動を通じて守ることのできる目標であるというなら、後者はアメリカの能力も及ばなければ、アメリカの本土以外の場所で追求すべきでない目標である。

「孤立主義」に対応する「世界ナンバーワン」という思想によって、アメリカ人は国力が膨張しているときは、一貫して無限の目標を追求するという傾向がある。しかしこれは、最後には悲劇をもたらす傾向でもある。資産に限界があるのに、無限の責任を負うことに熱心な会社は、破産する以外に、その他の結末はないであろう。

無限の手段——無制限な手段を運用しつつも、有限の目標を満足させるにとどめる

無限の手段とは有限の目標に対していうものである。[7] 無限とは手段の選択範囲と使用方式を絶えず拡大していく一種の傾向であり、節度なく手段を使うことではないし、ましてや使用手段を絶対化したり、あるいは絶対的な手段を使うことでもない。無限の手段は有限目標の達成満足をもって最終的な限界とすることである。

手段は目標から離脱してはならない。手段の無限とは、ある特定の目標を実現するために、制限を破ってさまざまな手段を選んでもよいということを指しているのであって、目標の制限から離脱して勝手放題に手段を使ってもよいということではない。

人類を全滅させることのできる核兵器は、かつては絶対的な手段と見なされてきた。だがそれは、手段は目標に奉仕するという原則に反しているがゆえに、ついには棚上げされることになった。

無限の手段の運用は、孔子が言ったように「心の欲するところに従いて矩《のり》を踰《こ》えず」である。この「矩」とはすなわち目標である。超限思想は「心の欲するところに随いて」、手段の選択範囲と利用方法を拡大したが、そのことは「心の欲するところに随いて」目標を拡大することを必ずしも意味していない。制限を超え、限界を超えた運用手段をもって、有限の目標を実現するだけのことである。

逆に言うと、聡明《そうめい》な統帥者は目標が有限であるからといって、その手段までも限定しようとはしない。なぜなら、これによって、肝心なときに、成功の一歩手前で失敗してしまう可能性が大きいからだ。これはつまり、「無限」を通して「限定」を追求しなければならないということである。

アメリカ南北戦争のとき、シャーマンの軍がサバナへ向かったのは、戦いをしたかったからではなく、行軍の途中で焼き払ったり略奪したりし、また、南軍の後方地域の経済を破壊することによって、南部の民衆と軍隊の抵抗力を失わせるためであり、これによって、北部の戦争目標を実現できた。これは、無限の手段を使って有限の目標を実現した成功例である。これとは逆に、第四次中東戦争では、エジプト軍の統帥部とその前線の将領たちが策定した戦争目標は、シナイ半島の占領であり、これに対応する作戦計画はバーレブ防衛線を突破した後、シナイ半島を固守することだけであった。有限の手段をもって有限の目標を勝ち取ろうとした結果は周知の通りで、エジプト人はせっかく手に入れた勝利を投げ捨ててしまった。[8]

非均衡——均衡対称の相反する方向に沿って行動ポイントを探す

「非均衡」は一つの原則としていうならば、超限戦理論における偏正の法則の主要な支点である。その要領は、均衡や対称とは逆の思考方向に沿って、作戦の行動を展開するということである。戦力の配分と使用、主戦方向や打撃の重心の選択から兵器の配置に至るまで、いずれも非均衡要素の影響と、非均衡を手段として目標を実現する問題を双方向から考えなければならない。

一種の思考の道筋としてであれ、作戦を指導する原則としてであれ、非均衡は戦争のあらゆる方面に表現される。非均衡の原則を正しく把握し運用する限り、必ず敵の肋《ろく》軟骨の部位〔弱点の意味〕を見つけ、しっかりとつかむことができる。一部の貧しい国や弱小国および非国家的戦争の主体は、自分自身よりはるかに強大な勢力に立ち向かうとき、一つの例外もなく「ネズミが猫と戯れる」式の非均衡、非対称の戦法を採用し、賢明にも大国の軍隊との正面対決を避け、ゲリラ戦（主に都市部のゲリラ戦）[9]、テロ戦、宗教戦、持久戦、インターネット戦などの戦闘様式をもって対抗している。例えば、チェチェン対ロシア、ソマリア対アメリカ、アイルランド共和軍（ＩＲＡ）対イギリス、イスラム聖戦組織対全西側陣営などの戦いがそうである。

その作戦方向の多くは、相手が全く予測できない領域と戦線を選び、打撃の重心はいつも相手に大きな心理的動揺をもたらす部位を選ぶことにある。このように非均衡手段を利用して、自分の勢いを助長し、事態を自分の願望通りに発展させていくやり方は、往々にして効果が非常に大きい。この結果、正規軍と正規の手段を主戦力とする相手は、瀬戸物屋に逃げ込んだ巨象のように、手の打ちようがなく、力を発揮しようがなくなってしまう。

非均衡は使用面で実効性を示すほか、非均衡自体が黄金分割の法則によって暗示される事物の運動法則そのものである。これはすべての法則の中で、法則を打破する方式に基づいて法則を運用するよう人々に促す、唯一の法則であり、平穏な思考という持病を治す良薬なのである。

最少の消耗——目標を実現するに足る最低限度の戦争資源を使う

「最少の消耗」の原則は、次の通りである。
⑴合理化は節約よりさらに重要である。[10]
⑵作戦様式が戦争の消耗の大小を決める。[11]
⑶「多」（多くの手段）をもって「少」（少ない消耗）を求める。

合理化は、合理的な目標設定と合理的な資源利用という二つの面を含む。合理的な目標設定は、手段という円の直径内に目標を確立するほか、目標の負荷を圧縮し、それをできるだけ単純、簡潔にする必要がある。合理的な資源の使用とは、最も妥当な方式で目標を実現することを指しており、一方的に節約を要求するものではない。目標の実現に必要な前提を満足させて初めて、節約——最低限度の資源使用が意味のあるものになる。

原理に精通するよりもっと重要なのは、いかに原理を運用するかである。最低限度に戦争資源を使って目標を実現できるかどうかは、どんな作戦の様式を選ぶかにかかっている。ベルダン戦役が戦争史専門家から批判されたのは、双方が全く意味のない消耗戦を採用したからである。他方、ドイツ人がマジノ線を越えてイギリス・フランス連合軍を席巻《せっけん》できたのは、最短の時間、最良のコース、最大の威力を持つ兵器を組み合わせた電撃戦を採用したことにある。ここから、戦争資源を合理的に使う作戦様式は、「最少の消耗」を実現するカギであることが見て取れる。

目標や目標実現の手段が空前に多様化、複雑化している今日《こんにち》では、単一の領域と単一の手段で複雑な目標を狙うには、すでに明らかに力不足である。手段と目標の口径が一致しないと、その結果は必ず高消耗・低効果になる。

こうした苦境から脱出する思考の筋道は、「多」を通して「少」を実現することである。つまり、多様な領域における多くの戦争資源の優位性を相互に補完し、組み合わせて、一つの全く新しい作戦様式にして目標を実現すると同時に、最少の消耗を実現することである。

多次元の協力――**一つの目標が覆う軍事と非軍事の領域において、動員できるすべての力を協力して配置する**

「多次元」とはここでは、多種類の領域、多種類の力の別称であり、数学や物理学でいう次元とは関係がない。「多次元の協力」とは、一つの目標を達成するために展開する異なる領域、異なる力の間の協調と協力を指している。

この定義は文字面だけではとくに新味がなく、多くの過去の作戦規定、あるいは最新版の作戦規定にも、似たような表現を見つけることができる。われわれの定義が他のすべての表現と唯一違う、あるいは最も違う点は、非軍事、非戦争の要素を間接的にではなく、直接的に戦争の領域に導入したことである。言い換えれば、いかなる領域も戦場になりうるし、いかなる力も戦争に使われる可能性がある状況の下で、それは一つの具体的な目標をめぐって、軍事的な次元とその他の次元間の協力と理解すべきであって、すべての戦争が軍事行動を主としなければならないことではない。戦争の前では、各次元はすべて平等であり、このことは未来戦争の課題を理解する上での一つの公式となろう[12]。

多次元協力の概念は、具体的な目標によって覆われたとき、初めて成り立つことができる。目標がなければ、多次元の協力を論じられない。目標の大小はまた、多次元協力の広さと深さを決める。もし目標の設定が戦策レベルの戦争に勝つことだとすれば、協力に必要な領域と力は国家全体、さらには超国家にまで及ぶ可能性がある。

ここから、いかなる軍事的、あるいは非軍事的行動でも、その領域、力の是非、多少にかかわらず、各次元の協力が必要不可欠であることを推し量ることができる。このことは、毎回の行動で動員する手段が多ければ多いほどよいことを必ずしも意味するのではなく、必要なものを限度とするということである。各次元の使用量の超過、あるいは使用量の不足によって、人の行動が太りすぎと痩《や》せすぎの間で揺れるように、最終的に目標自体を危うくする。この点では、「過ぎたるは猶《なお》、及ばざるが如し」という東洋の知恵は、われわれがこの原則を理解し実践する上で有益である。

このほか、動員できる力、とくに非軍事力についての認識において、われわれは視野を広げる必要がある。通常の、物質的な力に対し今まで通りの注目を払うほか、無形の「戦略資源」——例えば、地縁的要素、歴史的地位、文化的伝統、民族的アイデンティティー、および国際組織の影響力の支配や利用など[13]——の運用にとくに注目を払うべきである。

しかしこれだけではまだ足りない。われわれはこの原則の運用においても超限行動を取り、多次元協力を平面の作業に変えてしまうような平凡なやり方を避けて、戦策から戦術までの各レベルの段階まで立体交差式に組み合わせる方向へ、持っていく必要がある。

全過程のコントロール——戦争の開始、進行、収束の全過程で絶えず情報を収集し、行動を調整し、情勢をコントロールする

戦争は臨機応変性と創造性に満ちた動態のプロセスであり、戦争を当初の計画案通りに固定したいという、いかなる考えも、荒唐無稽《むけい》か無邪気に近い。したがって、戦争が「現在進行中」であるときは、主導権を始終自分の手中に収めるため、全過程に対しフィードバックと修正を行う必要がある。これが「全過程のコントロール」だ。

リアルタイムの原則が加わったため、全過程のコントロールという場合の「全過程」を、長々とした過程と理解することはもはやできなくなった。この過程は、現代のハイテク手段の条件下では一瞬の間かもしれない。われわれが前に述べたように、一回の戦闘時間だけで一つの戦争を遂行するに足りるのだ。これによって、戦争の全過程が非常に短くなる可能性もあり、同時にコントロールの難しさが大幅に増加する。

ＩＴが全世界を一枚のネットにつなぎ合わせた今日、戦争に組み込まれる要素はこれまでの戦争よりはるかに多くなっている。各種の要素の絡み合いと、それが戦争に及ぼす影響はかつてないほど緊密になっており、一つの環節でコントロールを失うと、一個の蹄鉄《ていてつ》をなくしたように、戦争全体を（敗北によって）失ってしまう可能性がある。(14)

したがって、気球のように、新技術、新手段、新領域にひっぱられて今にも爆発しそうな現代の戦争では、全過程のコントロールは単なる技術ではなく、ますます一種の芸術になっている。このことは、数学的な演繹《えんえき》法ではなく、さらに直感を運用して、瞬時に千変万化する戦場の状態を把握することを要求している。

それはまた、兵力の調整、配置の変化、兵器の更新を要求することにとどまらない。さらに重要なのは、戦場が非軍事領域にまで転換したのに伴い、戦争全体のルールの変更が求められているということだ。その結果、見慣れない戦場に送られ、見慣れない敵と、見慣れない戦争を行うことになるだろう。あなたは、こうした見慣れないプロセスに対する全過程のコントロールを通して、見慣れない勝利を必ず手に入れねばならない。

超限組み合わせ戦とは、まさにこのように見慣れないが、完全に新しい戦法で行う戦争なのである。

以上のすべての原則は、いかなる超限組み合わせ戦にも適用される原則である。

これらの原則を遵守したからといって、必ずしも戦争の勝利が保証されるわけではない。だが上述の原則に違反したら、必ず敗北するに違いない。戦争の勝利にとって、原則は必要条件ではあるが、十分条件ではない。

必勝の原則は存在せず、必要な原則があるのみである。われわれはこの点をしっかり記憶しておかねばならない。

注

（1）フラーはナポレオンの戦争原則を進攻、機動、奇襲、集中、保護という五カ条に総括している。またこれとは別に、彼はクラウゼビッツの見方に基づいて、ナポレオンの戦争に似た原則を七カ条の戦争原則――目標の保持、安全な行動、機動的な行動、（敵の）進攻能力の消耗、兵力の節約、兵力の集中、奇襲性――にまとめた。これらの原則は現代の軍事原則の基礎となっている（フラー著『戦争の指導』解放軍出版社、p.38～60を参照）。

（2）例えば、アメリカ軍の九大原則――目標の原則、進攻の原則、兵力集中の原則、兵力節約の原則、機動の原則、安全の原則、敵に不意打ちを加える原則、簡潔の原則、統一の原則――は、ナポレオン戦争時代の作戦原則によく似ている。
(3) 最も典型的なのは、アメリカ軍の『二〇一〇年の統合部隊の構想』の中にある四項目の原則である。「機動的な増勢、精密な攻撃、全次元保護、集中的補給工作」のいずれも、軍事戦争のために打ち出された新しい原則である。
(4) 超限戦の戦場はこれまでと違って、すべての自然空間、社会空間および、ナノ空間のように不断に拡大しつつある技術空間を含んでいる。今日では、これらのいくつかの空間は互いに交差している。例えば、宇宙空間は自然空間として見なしてもよいし、また技術空間と見なしてもよい。その戦争化のプロセスは一つひとつ、技術上の突破から離れられない。同じように、技術と社会の相互作用もしばしば見られる。最も典型的なものとして、社会に対するITの影響に勝るものはない。こうして見ると、戦場にならないところはなく、われわれは「全方向」をもって戦場を見るしかない。
(5) 今までの戦争の展開プロセスは、空間においては周辺から深奥部へと挺進《ていしん》していき、時間においては段階に分ける必要があったが、超限戦では、空間において核心に直接到達し、時間においても「リアルタイム」で、通常はもはや段階性という特徴を持たない。
(6) 目標を有限としようとすることは、主観的に抑制するかどうかではなく、手段の制限を超えているかどうかにある。手段は目標を確立するときに超えてはならない「限度」である。

（7）詳細については、ベビン・アレクサンダー著『統帥者の勝利への道』新華出版社、一九九六年版、pp.101〜125を参照。

（8）第四次中東戦争の前に、エジプトは「バドル計画」を作成した。それは二段階に分かれ、第一段階では、スエズ運河を強行渡河し、「バーレブ防衛線」を突破し、運河の東岸一五〜二〇キロの地域を統制下に置く。第二段階では、ミトラ峠、ギディ峠、カーティマ峠の周辺を占拠し、運河の東岸の安全を確保し、その後、状況を見てさらに奥の方へ展開していく。実際の戦闘では、エジプト軍は運河を渡ると、ただちに防御に転じてしまい、五日後にやっと進攻を開始したが、イスラエル軍に息をつかせる機会を与えることになった。

（9）資本主義社会の発展の研究で有名なフェルナン・ブローデルは、大都市の資本主義世界における「組織的作用」をとりわけ重視している。世界はこんなに大きいのに、関節のような機能を持っているのはニューヨーク、ロンドン、東京、ブリュッセル、香港など、いくつかの中心都市にすぎない。これらの都市がいったん攻撃を受けたり、ゲリラ戦が起きたりしたら、世界は大混乱に陥ってしまうだろう（フェルナン・ブローデル著『資本主義の動力』、オックスフォード大学出版局）。

（10）昔から軍事原則の中には「節約」という項目があり、主として、戦争のときには人力と物資の消耗に対するコントロールに注意しなければならないと指摘している。超限戦においては、

「合理的使用」こそ正しい節約なのである。

(11) 超限戦によって、戦争様式の選択に極めて大きな余地が生まれた。通常の軍事戦争の様式と金融を主導とする戦争様式の消耗とでは、当然大きな違いがある。それゆえ、未来の戦争においては、消耗の大小は主にどのような作戦様式を選ぶかによる。

(12) 各次元の平等とは、主に「軍事至上」の観念を克服することである。未来の戦争では、軍事手段は普通の選択肢にすぎない。

(13) 中国はこの面においてとくによい条件を備えている。悠久の伝統文化、平和的なイデオロギー、侵略の歴史がないこと、華人の強大な経済力、および国連安保理常任理事国の地位保持など、いずれも重要な「戦略資源」である。

(14) 現代の戦争では、偶然的な要素も、古代の戦争のように戦争の結果に影響しうるのである。指揮センターのコンピューターに付属する一本のヒューズが、肝心なときに過熱によって切れたら(その可能性は十分ある。湾岸の上空で起きたF16戦闘機に対する誤射事件は、「ブラックホーク」ヘリコプターの「敵・味方識別装置」の回路がいつも熱くなるため、パイロットが回路の温度を下げようと、たまたまスイッチを切ったことが原因だった)、災難を引き起こす可能性がある。これは、一個の「蹄鉄」を失ったため、戦争に負けたという故事の現代版かもしれない。したがって、「全過程のコントロール」は堅持することが必要である。

結び

情報化とグローバル化は……数千の世界的なビジネス企業および何千何万の国際組織や政府間組織を生んだ。

——E・ラズロー

人類は進歩しつつあり、戦争を潜在的な控訴裁判所とは考えなくなっている。

——ブロック

「世界は一つ」という人類の数千年来の理想が、IBMによって広告の言葉として使われたとき、「グローバル化」はもはや未来学者の予言ではなくなった。情報のラベルをいっぱい貼り付けた技術大総合の趨勢《すうせい》が推進しようとしているものは、文明の衝突と融合という寒暖二つの海流に激しく揺さぶられ、あちこちの局地戦争やドミノ・カルタ式の金融危機、南極上空のオゾン層の破壊に悩まされている。予言者や占い師を含むすべての人が想像もつかなかった時代が、二〇世紀の黄昏《たそがれ》と二一世紀の黎明《れいめい》の間に、徐々に姿を現しつつある。

グローバル化の統合は全面的で、かつ深刻なものだ。国家を主体とする権威ある地位と利益の境界は（グローバル化という）その無情な教化を経て変化し、さらに解消されるのが必定になっている。一六四八年のウェストファリア条約[1]の現代的概念から誕生した「民族国家」は、もはや社会、政治、経済、文化組織の頂点に君臨する唯一の代表者ではなくなっている。超国家、多国家、非国家組織の大量の出現は、国と国の間の固有の矛盾とともに、国家の権威、国家の利益、国家の意思に空前の挑戦を突きつけている[2]。

民族国家が生まれたとき、ほとんどの場合、鉄と血の戦争が助産師の役割を果たしたが、それと同様に、民族国家がグローバル化へ向かって転換するときも、巨大な利益のプレートの衝突は避けられない。ただ違うのは、今日では「ゴルディオスの結び目[3]」を解《ほど》く手段は、剣だけではないということである。われわれの祖先のように武力による解決を最後の仲裁の上訴裁判所とする必要はなくなった。政治、経済、外交など、どの手段もみな軍事手段の代用品になる十分な力を持っている。

だが、人類はこれで喜んで安心するわけにはいかない。なぜなら、われわれがやろうとしていることは、流血の戦争に代えて、できるだけ流血を伴わない戦争をやろうということにすぎないからだ[4]。その結果、狭義の戦場空間は縮小したが、同時に、世界全体が広義の戦場に変わった。この戦場では、人々はかつてと同じように奪い合い、略奪し合い、殺し合う。兵器はさらに先進的になり、手段はさらに巧妙になる。血なまぐささは多少減るだけで、残酷さは相変わらずだ。これが現実であり、人類の平和の夢は依然としてはるかな幻のままである。たとえ楽観論に立っても、予測できる将来において、流血の戦争であれ、流血を伴わない戦争であれ、戦争が忽然《こつぜん》と跡を絶つことはありえない。当然起きることは結局起きるのだから、われわれが今なさねばならないこと、できることは、いかにして戦争に勝つかである。

果てしのない戦場で展開されようとしている広義の戦争に直面したとき、ただ軍隊と兵器に頼るだけでは、大戦略の意義を持つ国家の安全を実現することもできないし、このクラスより上の国家の利益を維持することも不可能である。明らかに戦争は軍人、軍隊、軍事の範囲を超え、ますます政治家、科学者、ひいては銀行家たちの仕事になっている。戦争をどう遂行するかも当然、軍人たちだけが考える問題ではなくなっている。

今世紀の初頭に、クレマンソーは「戦争はあまりにも重要なので、将軍たちに任せるわけにはいかない」と語った。しかし一〇〇年近くの歴史は、戦争を政治家たちに任せることは同様に、この重要な課題を解決する理想的な方法ではないことをわれわれに警告している(5)。人々は、今度は方向転換して技術文明に助けを求め、技術の発展の中から戦争をコントロールするバルブを見つけることに希望を託した。だが人々を失望させているのは、ここ一世紀の間に、技術は長足の進歩を遂げたにもかかわらず、戦争は相変わらず轡《くつわ》と鞍《くら》をつけずに跳ね回る野生の馬であることだ。

人々はまた軍事革命にすがり、ハイテク兵器と非殺傷兵器が民間人ないし軍人の死傷を減らし、戦争の残酷さを軽減することを期待した。軍事革命は確かに起き、ほかの革命と一緒に二〇世紀最後の一〇年を変えた。世界はすでにもとの世界ではなくなったのに、戦争は相変わらず昔のように残酷である。

唯一違うのは、今の残酷さは両軍の殺し合いとは別の方式で拡大したことだけだ。ロッカビーの航空機墜落事件、ナイロビとダルエスサラームの爆破事件を思い出してみればよい。また東南アジアの金融危機を考えてみればよい。この別種の残酷さが何を意味しているか、理解に難くないはずである。

これこそ、グローバル化であり、グローバル化時代の戦争である。一つの側面にしかすぎないけれども、心を痛ませる側面である。こうした側面が世紀の交代期に立っている軍人に向かってきたとき、軍人一人ひとりが自問自答すべきではないだろうか——われわれは何ができるのか、もしモーリス、ビンラディン、ジョージ・ソロスのような連中が明日の戦争の軍人になれるというならば、軍人になれない者がまだいるだろうか、もしパウエル、シュワルツコフ、ダヤン、シャロンらも軍服を着た政治家であるとするならば、政治家になれない人間がまだいるだろうか、と。これこそグローバル化とグローバル化時代の戦争が、軍人に投げかけた困惑である。

軍人と非軍人の境界がすでに破られ、戦争と非戦争の間の溝がほとんど埋められ、あらゆる難題がグローバル化の趨勢によって環節が互いにリンクし、かみ合うようになった以上、解決のカギを探すことが必要になる。もしこれらのカギが戦争の大門の上にひっかけられているならば、このカギはすべての錠前を開けることができるはずである。そしてこのカギは、戦策、戦略、戦芸から戦術のすべてのレベルに至る規模に適応し、また政治家、将軍から兵士までの一人ひとりの手に合うものでなければならない。

「超限戦」のほかにどんな適当なカギがあるのか、われわれには思いつかないのだ。

注

（1）一六四八年欧州協定の総称である。それはスペインとオランダの八〇年戦争、およびドイツの三〇年戦争を終結させるとともに、一八〇六年の神聖ローマ帝国の解体前に調印されたすべての条約の基礎を確定したと考えられている。

（2）国家の最高至上の地位は各方面からの挑戦を受けている。その最も代表的なもので、人々を最も憂慮させるものは、国家が武力に対して持っている独占的地位が厳しい挑戦を受けていることだ。アーネスト・ジェーナの著書『民族と民族主義』の見方によれば国家の定義とは唯一合法的に武力を行使できる単位である。アメリカの『ニューズウィーク』が一九九七年に行った、「二一世紀の安全の脅威はどこから来るか」という民意調査では、三二％の人がテロリズム、二六％が国際犯罪シンジケートと麻薬密売組織、一五％が人種間の憎しみからくると答え、民族国家は第四位になっている。アメリカ陸軍がホームページに公表しているだけで、本として出版していない文書（TRADOC PAMPHLET 525－5：FORCE XXI OPERATIONS）は、「非国家的力」を明確に「未来の敵」としている。「民族国家に似た相当な能力を彼らに与える現代技術を、手に入れ使用する非国家の安全に対する脅威は、すでにますます明らかになり、伝統的な民族国家の環境に挑戦しつつある。その範囲から見れば以下の三種類に分けることができる。①準国家的。準国家的脅威は政治、人種、宗教、文化、民族の衝突を含む。これらの衝突は内部から民族国家の規範と権威に挑戦している。②無国家的。無国家的脅威はそれが所属している国とは無関係である。これらの実体は民族国家の一部ではなく、そのような地位を確立しようとも考えない。地域の組織犯罪、海賊およびテロ活動がこの種類の脅威を構成する。③超国家的。超国家的脅威は民族国家の境界を超え、地域ないしグローバルな範囲で活動している。それらは宗教運動、国際犯罪組織、および兵器拡散に協力する非公式な経済組織を含んでいる」（王小東著『情報時代の世界地図』中国人民大学出版社、一九九七年、pp.44～46を参照）。アメリカ軍当局は独占的利潤を横取りしている多国籍企業を安全に対する脅威と見なしていない。それは彼らの根深い経済の自由意識のほかに、脅威を軍事領域に限定する見解とも関係がある。マイクロソフトやエクソンモービルのような、敵国に対抗するに足るほどの巨万の富を持つ多国籍企業も、国家の権威に実質的な脅威をもたらし、さらに国際問題にも重大な影響を与えることがある。

（3）伝説によると、アレクサンダー大王は軍を率いて小アジアの奥まで侵攻し、ゴルディアム市でゼウス神殿を参拝したとき、神殿にはフリギアの国王ミダスの御車が縄で乱雑に縛られていた。この縄を解ける人は一人もいなかったという。そこでアレクサンダー大王はしばらく考えにふけってから、突然剣を抜き縄を切った。この伝説から、「ゴルディオスの結び目」は解決しにくい、複雑で、手を焼く難題の別称となった。

（4）未来の戦争では、金融戦のような、剣を血で汚さずに敵国を屈服させる戦争がますます増えるであろう。もし一九九八年八月の香港の金融防衛戦が失敗したら、香港ひいては中国の経済にどんな災難的影響をもたらしていたか、考えてもみてほしい。こうした光景は必ずしもありえないことではなかったのだ。もしロシアの金融市場が崩壊せず、金融投機家が腹背に敵を受ける状況に陥らなかったら、結果はどうなっていたかわからない。

（5）ヒトラーやムソリーニにしろ、トルーマンやジョンソンまたはサダム・フセインにしろ、いずれも戦争を成功裏に制御できなかった。クレマンソー本人もそうであった。

後記

本書を執筆する動機は、世界の注目を浴びていた軍事演習に由来する。三年前、演習に参加するため私と湘穂は福建省に赴いた際、詔安という小さな街で出会った。当時、南東沿海地域では情勢が日増しに緊迫し、海峡両岸では一触即発の雰囲気にあり、アメリカの二空母機動部隊も遠方から駆けつけてきて、この騒ぎに加わった。突然の嵐が襲ってきそうな雲行きになり、軍事情勢には緊迫感があふれ、急に「眼中に形勢あり、胸中に策略あり」という感慨が生まれた。そのとき、私たちは本を書くことを決めた。私たちはそれぞれの数十年間、とりわけここ一〇年近くの軍事問題に対する関心と思考を、一冊の本に濃縮しようとした。

あれから三年間、私たちはどれだけ電話をかけ合い、どれだけ手紙をやり取りし、どれだけ徹夜をしたことか、いちいち細かく数えることはできない。こうしたことすべてを唯一証明できるのは、この薄い本である。

ここで読者に謝らなければならないのは、私たちがこの本の執筆に真剣に取り組み、また十分苦労して頑張ったにもかかわらず、流れ星が空を横切るような思想が、隕石《いんせき》のように冷たくて硬い文字に凝縮した後、みなさん（私たちも含めて）が間違いや妥当でないところがはなはだ多いことに気づくことだ。これは「よろしく」の類《たぐい》の言葉で許していただけるものではない。（もし次があるならば）次の再版時に訂正するしかないのだ。

本書がもうすぐ世に現れるに際して、解放軍文芸出版社の程歩濤社長と黄国栄副社長に謹《つつし》んで感謝したい。お二人が躊躇《ちゅうちょ》なく支持してくださったおかげで、本書はこのような短期間に速やかに出版することができた。また、第一図書編集部の項小米部長にも感謝しなければならない。彼女はかつて私たちが書いた別の四冊の本を編集したときと同じように、今回も慎重かつ厳格に編集・校正し、とても貴重な提案を多く出してくれた。私たちは感激に堪えないと同時に、どんな方法で私たちの感謝の意を表明していいか、わからない。

最後に私たちは、本書の完成のため犠牲を惜しまなかったそれぞれの家族にも感謝する。これもまた同様に、言葉で表現できないものである。

一九九八年三月二日〜一二月八日　原稿完成
北京公主墳——白紙坊
一九九九年二月一日記

監修者・訳者あとがき

本書は約三年前、中国でベストセラーになった『超限戦　グローバル化時代の戦争と戦法に対する想定』（喬良、王湘穂著、解放軍文芸出版社）の翻訳である。

原書は一九九九年二月に初版を出した後、版を重ね、中国大陸だけでなく台湾、香港や海外中国人の間で広く読まれ、「超限戦」というネーミングが定着した。また、「ワシントン・ポスト」紙の記者が喬良氏に取材し長文の記事を書いたほか、日本でも一部のメディアがサワリの部分を紹介した。アメリカ国防総省が英語に翻訳し、アメリカ海軍大学が教材に使いたいとの意向を著者に伝えてくるなど、軍事専門家の注目を集めた。

当時、『超限戦』がベストセラーになった背景には、その内容はもちろんのこと、著者が現役の中国軍将校であること、さらには一九九九年五月に起きたＮＡＴＯ軍所属のアメリカ軍機による在ユーゴスラビア中国大使館ミサイル爆撃事件、同七月の李登輝・台湾総統による「二国論」発言などで、米中間の軍事的対決が現実味を帯び、台湾海峡の緊張が一気に高まったことなどがあった。

海外では本書をめぐりさまざまな論議を呼んだが、反響（特に一部の軍事専門家や中国の民主活動家、台湾のメディア）はおおむね本書に批判的だった。その内容は要約すれば「『超限戦』の著者が（超大国アメリカとの）戦争に勝つためには新テロ戦や生物・化学兵器戦、ハッカー戦、麻薬密売などを含む、ありとあらゆる手段を使うように提案し、中国政府と軍当局がそれを参考に戦争の準備を進めている」というものだった。台湾では中国が「超限戦」の手法で攻撃を仕掛けてくるのではないかとの懸念が広がった。

そして今回（二〇〇一年九月一一日）のアメリカ中枢同時テロ事件で、本書は予測が的中したということで、別の意味で評価が高まった。中国では本書が再び脚光を浴び、北京、上海、広州などで好調な売れ行きを見せているという。アメリカでも近く英訳版が出ると伝えられる。

他方、海外では「『超限戦』は弱小国、あるいは非国家的集団のために、（アメリカをはじめとする）強国に対し手段を選ばないやり方で対抗することを提起し、結果としてテロリストを鼓舞する役割を果たした」「ビンラディンがアメリカに仕掛けたテロ攻撃は中国人民解放軍の軍事教材『超限戦』を引用した可能性が大きい」とか、あるいは「アメリカが、民間航空機でニューヨークの世界貿易センターに突っ込むというカミカゼ攻撃を受けたことで、中国が近年発展させてきた『超限戦』と『非対称戦争』の思考が再び重視されるようになった」などと誇張した見解も報じられた。

本書をどう読もうと読者の自由だが、少なくとも公の場で評価を下す人や論議に加わる人はこの本を最後まできちんと読み通すことが礼儀であろう。彼らはどこまで色眼鏡なしで「超限戦」を読んだのか、その内容をどこまで正確に把握したのか、疑問が残ると言わざるをえない。二人の著者は長年にわたって軍事理論を研究してきた。「超限戦」はその研究成果であり、中国政府や軍の政策決定とは同一ではない。だが現実には、一部のメディアや言論人は同書を中国政府の公式見解と短絡的に見なしたり、あるいは「中国脅威論」を煽《あお》る手段として故意に誤解、あるいは曲解した見解を流したりしている。本書を訳出した理由の一つは、その内容をできるだけ多くの読者に正しく伝えたいためでもある。

本書の詳しい紹介はここではしない。その要点をかいつまんで言えば以下のようなことになろう。

（1）グローバル化と技術の総合を特徴とする二一世紀の戦争は、すべての境界と限度を超えた戦争で、これを超限戦と呼ぶ。このような戦争ではあらゆるものが手段となり、あらゆる領域が戦場となりうる。すべての兵器と技術が組み合わされ、戦争と非戦争、軍事と非軍事、軍人と非軍人という境界がなくなる。

（2）全く新しい戦争の形態――「非軍事の戦争行動」が出現した。それは例えば、貿易戦争、金融戦争、新テロ戦争、生態戦争である。新しいテロリズムは二一世紀の初頭において、人類社会の安全にとって主要な脅威となる。ビンラディン式のテロリズムの出現に示されたように、「いかなる国家の力であれ、それがどんなに強大でも、ルールのないゲームで優位を占めるのが難しい」。

（3）一部の貧しい国や弱小国、および非国家的戦争の主体は自分自身より強大な敵（大国の軍隊）に立ち向かうときは、一つの例外もなく非均衡、非対称の戦法を採用している。それは都市ゲリラ戦、テロ戦、宗教戦、持久戦、インターネット戦などの戦争様式で……往々にして効果が大きい。

（4）テロリストが自らの行動を爆破、誘拐、暗殺、ハイジャックといった伝統的なやり口に限定するなら、最も恐ろしい事態にはならない。本当に人々を恐怖に陥れるのは、テロリストとスーパー兵器になりうる各種のハイテクとの出会いだ。

著者は古今東西の哲学者、思想家、兵法家、戦略家の考えを縦横に引用し、アメリカ軍関係を含む膨大な資料・文献を駆使して『超限戦』を書き上げた。同書の構想は、一九九一年の湾岸戦争で華々しい成果を挙げたアメリカ人の戦争様式とその軍事理論によって触発されたもので、著者は長年の研究成果をもとに、アメリカの「新しい戦争」に十分対処できる軍事理論の構築を目指したのではないかと推測される。その結果、従来の軍事理論の殻を打ち破った、発想の転換を促す同書の誕生となった。そこには、さすが「孫子の兵法」のお国柄を示す柔軟な思考、スケールの大きさがみられる。

ビンラディン、国際テロ組織「アルカイダ」、タリバン、炭疽菌《たんそ》……。九・一一事件の衝撃の余波がいずれ収束するとしても、「強い集団に圧迫され、日増しに瀬戸際に追いやられている弱い集団の絶望的なあがき」（著者の言葉）であるテロリズムの芽はなくならない。二一世紀の新しい戦争を読み解く貴重な文献として、本書は息の長いパワーを持ち続けるであろう。

本書は劉《リュウ》が翻訳し、坂井《さかい》が手直しを加え監修した。原文は中国語自体の表現が難解なうえ、新造語や哲学的な内容が多く、しかも外国の人名・地名がふんだんに出てきて翻訳・監修に苦労した。一部の外国の人名・地名など固有名詞の不明な部分については、時間の制約もあり、中国標準語（普通話）の発音のまま訳出した。誤りがあれば、聡明《そうめい》な読者や専門家のご指摘、批判を甘んじて受けたい。

原文にできるだけ忠実に翻訳したが、読者に気軽に読んでもらうため、できるだけわかりやすい日本語にするのが大きな課題だった。校正作業とともに、日本語をわかりやすくする面でも、株式会社共同通信出版本部編集部の木村剛久氏にお世話になった。また、アメリカの事情や人名・地名などの固有名詞について、日本大学のマイケル・チャプレン、藤元光世の両先生からいろいろとご教示をいただいた。ここに併せて感謝の意を表したい。

二〇〇一年一一月二五日

監修者　坂井臣之助

訳　者　劉　　琦

本書は二〇〇一年一二月に共同通信社より刊行された
同名の単行本に一部加筆修正したものです。

喬良（きょう・りょう）

中国人民解放軍国防大学教授、空軍少将。魯迅文学院、北京大学卒業。文学作品や軍事・経済理論の著作は600万字を超え、代表作は長編小説『末日の門』、中編小説『霊旗』、理論書『帝国のカーブ』など。

王湘穂（おう・しょうすい）

退役空軍大佐。北京航空・宇宙航空大学教授、戦略問題研究センター長。中信改革発展研究基金会副事務局長。主な著書に『天下三分の計』、『貨幣論』など。

（監修）坂井臣之助（さかい・しんのすけ）

1941年東京都生まれ。慶應義塾大学経済学部卒。日本国際貿易促進協会勤務などの後、73年共同通信社入社。２度の香港特派員、編集委員兼論説委員などを歴任。著書に『香港返還』（共著、大修館書店）、『直視台灣』（廣角鏡出版社）。

（訳）劉琦（りゅう・き）

中国北京市生まれ。北京第二外国語大学日本語学科卒業。上智大学大学院文学研究科博士後期課程修了。現在、翻訳・著述業のほか日本大学非常勤講師。

超《ちょう》限《げん》戦《せん》

21世紀《せいき》の「新《あたら》しい戦争《せんそう》」

喬《きょう》 良《りょう》　王湘穂《おうしょうすい》

坂《さか》井《い》臣《しん》之《の》助《すけ》（監修）　劉《りゅう》 琦《き》（訳）

2020 年 1 月 10 日　初版発行
2024 年 4 月 10 日　13版発行

◆◇◇

発行者　山下直久
発　行　株式会社KADOKAWA
〒102-8177　東京都千代田区富士見 2-13-3
電話　0570-002-301（ナビダイヤル）

装 丁 者　緒方修一（ラーフイン・ワークショップ）
ロゴデザイン　good design company
オビデザイン　Zapp!　白金正之
印 刷 所　株式会社KADOKAWA
製 本 所　株式会社KADOKAWA

角川新書

ISBN978-4-04-082240-2 C0295